EUL VERLAG

Reihe: Marketing · Band 56

Herausgegeben von Prof. Dr. Heribert Gierl, Augsburg, Prof. Dr. Roland Helm, Regensburg, Prof. Dr. Frank Huber, Mainz, und Prof. Dr. Henrik Sattler, Hamburg

Prof. Dr. Frank Huber
Dr. Frederik Meyer
Oguzhan Bulut

Unternehmenserfolg durch strategische Corporate Social Responsibility

Eine empirische Analyse am Beispiel der Marke IKEA

EUL VERLAG

Bibliografische Information der Deutschen Nationalbibliothek

Die Deutsche Nationalbibliothek verzeichnet diese Publikation in der Deutschen Nationalbibliografie; detaillierte bibliografische Daten sind im Internet über <http://dnb.d-nb.de> abrufbar.

ISBN 978-3-8441-0122-5
1. Auflage Januar 2012

JOSEF EUL VERLAG GmbH
Brandsberg 6
53797 Lohmar
Tel.: 0 22 05 / 90 10 6-6
Fax: 0 22 05 / 90 10 6-88
E-Mail: info@eul-verlag.de
http://www.eul-verlag.de

Bei der Herstellung unserer Bücher möchten wir die Umwelt schonen. Dieses Buch ist daher auf säurefreiem, 100% chlorfrei gebleichtem, alterungsbeständigem Papier nach DIN 6738 gedruckt.

Vorwort

Mehr und mehr Unternehmen führen aufgrund des gestiegenen gesellschaftlichen Drucks CSR-Maßnahmen durch und betten diese in eine CSR-Strategie ein. Dies hat zur Folge, dass die CSR-Aktivitäten eines Unternehmens entlang der Wertschöpfungskette integriert und unter Berücksichtigung des Unternehmensstrategie-Fits ausgesucht werden. Auf diese Weise gelingt die untrennbare Verbindung zwischen täglichem Geschäft und gesellschaftlichem Engagement. Die Unternehmen versuchen sich dadurch in der Wahrnehmung der Konsumenten von ihrer Konkurrenz abzuheben. Neben der Verbesserung ihres Images erhoffen sich Anbieter dadurch auch eine Steigerung der Absatzzahlen.

Aufgrund der rasanten Zunahme solcher CSR-Aktivitäten seitens der Unternehmen, ohne dass deren Wirkweise hinreichend untersucht worden wäre, interessieren in dieser Studie die Erfolgsfaktoren von strategischer CSR. Auf dieser Weise wird eine Gewährleistung des Erfolgs von strategischen CSR-Kampagnen möglich. Dabei rückt in vielen Arbeiten immer wieder der wahrgenommene Fit zwischen den CSR-Maßnahmen und dem durchführenden Unternehmen in den Mittelpunkt des Interesses. Aufbauend auf dieser Erkenntnis, bildet auch in dieser Untersuchung der Fit den Ausgangspunkt, wobei dieser um weitere als relevant identifizierte Einflussgrößen ergänzt wird. Um die positiven ökonomischen Konsequenzen strategischer CSR-Kampagnen analysieren zu können, wird zusätzlich deren Wirkung auf die Kaufabsicht und die Aufpreisbereitschaft quantifiziert.

Auf diese Weise entsteht ein Wirkgefüge, das die Wirkweise strategischer CSR-Kampagnen abzubilden vermag und somit das Verständnis bezüglich dieses Phänomens erweitert. Für die Überprüfung des postulierten Kausalmodells und damit für die Ermittlung der zentralen Treiber wird die Marke IKEA als Untersuchungsobjekt herangezogen. Auf Basis dieser Erkenntnisse erfolgt die Ableitung konkreter Empfehlungen für die Marketingpraxis und -forschung.

Mainz, im Januar 2012

Frank Huber
Frederik Meyer
Oguzhan Bulut

Inhaltsverzeichnis

Abbildungsverzeichnis

Tabellenverzeichnis

Abkürzungsverzeichnis

Aad	Attitude Toward the Ad
AVE	Avarage Variance Extracted
bspw.	beispielsweise
bzw.	beziehungsweise
ca.	circa
CC	Corporate Citizenship
CEO	Chief Executive Officer
CR	Corporate Responsibility
CRM	Cause-Related Marketing
CSP	Corporate Social Performance
CSR	Corporate Social Responsibility
DEV	Durchschnittlich erfasste Varianz
d. h.	das heißt
ELM	Elaboration-Likelihood-Modell
et al.	et alii (lateinisch: *und andere*)
EU	Europäische Union
E-V	Einstellungs-Verhaltens
f.	folgende Seite
ff.	fortfolgende Seiten
FR	Faktorreliabilität
H	Hypothese
Hrsg.	Herausgeber
i.S.v.	im Sinne von
Jg.	Jahrgang
LISREL	Linear Structural Relationship
Mio.	Millionen
Mrd.	Milliarden
NGOs	Non-Governmental Organisations
No.	Number
Nr.	Nummer
OECD	Organisation for Economic Co-operation and Development
o.S.	ohne Seitenangabe

o.V.	ohne Verfasser
PLS	Partial Least Squares
S.	Seite
sog.	sogenannte
SPSS	Superior Performing Software Systems
SRU	Rat von Sachverständigen für Umweltfragen
u.a.	unter anderem
UN	United Nations
USA	United States of America
v. a.	vor allem
Vgl.	Vergleiche
VIF	Variance Inflation Factor
Vol.	Volume
WCED	World Commission on Environment and Development
WTO	World Trade Organization
www	World Wide Web
z. B.	zum Beispiel

1 Zur Relevanz von strategischer Corporate Social Responsibility

Große Teile der Bevölkerung haben heutzutage den Eindruck, dass sich zwischen Wirtschaft und Gesellschaft ein tiefer Graben aufgetan hat. Ökonomische Interessen und soziale Zielsetzungen erscheinen auf den ersten Blick unvereinbar geworden zu sein.[1] Bilanzierungs- und Bestechungsskandale, intransparente Managementvergütungen, Massenentlassungen trotz steigender Gewinne, fragwürdige Herstellungs- und Beschäftigungsmethoden in Zulieferbetrieben oder gesundheitliche Schädigung der Verbraucher haben das Vertrauen der Bevölkerung in die Wirtschaft verringert.[2]

Nike beispielsweise war mit einem massiven Verbraucherboykott konfrontiert, nachdem die New York Times und andere Medien über unwürdige Arbeitsbedingungen bei einigen indonesischen Zulieferern des Unternehmens in den frühen 1990er Jahren berichtet hatten.[3] Shell's Entscheidung, die Brent Spar, einen veralteten Öltank, in der Nordsee zu versenken, führte 1995 zu Protesten der Umweltorganisation Greenpeace und in der Folge zu signifikanten Umsatzeinbußen für das Unternehmen.[4] Von sämtlichen Pharmakonzernen wurde zeitweilig erwartet, dass sie auf die Pandemie des HI-Virus in Afrika reagieren, auch wenn dieses Thema nur entfernt oder gar nicht mit ihren Kernprodukten und Märkten zu tun hatte. Fastfood-Ketten und Hersteller von Fertigprodukten werden für Fettsucht und schlechte Ernährung verantwortlich gemacht. Dabei gehen Aktivistenorganisationen immer aggressiver vor, um den öffentlichen Druck auf Unternehmen zu erhöhen. Sie fokussieren dabei, im Sinne der Erlangung von Aufmerksamkeit, auf besonders stark in der Öffentlichkeit stehende oder außergewöhnlich erfolgreiche Unternehmen, auch wenn diese mit dem eigentlichen Problem in keinem Zusammenhang stehen.[5] Aufgrund des somit wachsenden Drucks können es sich Manager nicht mehr leisten, gesellschaftlicher Verantwortung eine geringe Priorität einzuräumen.[6]

Der einzige Weg, um einer weiteren Erosion der Beziehung zwischen Anbietern und Konsumenten begegnen zu können, besteht für die Wirtschaft darin, die Initiative zu ergreifen und

[1] Vgl. Schwab/Gartzke (2003), S. 1.
[2] Vgl. Simon (1994), S. 1; Schmitt (2005), o. S.; The Economist (2008), S. 4.
[3] Vgl. Baron (2001), S. 15; Brenton/ten Hacken (2006), S. 1 f.
[4] Vgl. Carrigan/Attalla (2001), S. 565; Baron (2003), S. 109.
[5] Vgl. Baron (2001), S. 13; Porter/Kramer (2006), S. 80.
[6] Vgl. Carrigan/Attalla (2001), S. 563; Porter/Kramer (2006), S. 78.

sich eindeutig und überzeugend als Teil der Gesellschaft darzustellen.[7] Die gesellschaftliche Verantwortung von Unternehmen ist dementsprechend in den letzten Jahren zunehmend in die öffentliche Diskussion gerückt und hat sowohl gesellschaftspolitisch als auch unternehmenspraktisch an Bedeutung gewonnen. Insbesondere unter dem Konzept Corporate Social Responsibility (CSR) sind auf verschiedenen Ebenen weltweit Initiativen und Projekte initiiert worden, um unternehmerische Verantwortung über den rein wirtschaftlichen Bereich hinaus auszudehnen.[8] So hat zum Beispiel der damalige UN-Generalsekretär Kofi Annan auf dem Weltwirtschaftsforum in Davos im Jahre 1999 die anwesenden Manager aufgerufen, sich an einem globalen Pakt für Menschenrechte, Arbeitsstandards und Umweltschutz zu beteiligen. Seit Juli 2000 ist der „Global Compact“ nun offiziell als UN-Initiative institutionalisiert.[9] Auf EU-Ebene gibt es seit 2001 ein Grünbuch und seit 2002 Kommissionsmitteilungen zu CSR, die beide eine breite Umsetzung gesellschaftlicher Verantwortung auf Unternehmensebene unterstützen sollen.[10] Und auch in der 2002 veröffentlichten und 2004 fortgeschriebenen nationalen Nachhaltigkeitsstrategie der deutschen Bundesregierung wird den Unternehmen eine entscheidende Mitverantwortung für gesellschaftliche Entwicklungen im nationalen und internationalen Rahmen zugeschrieben und ausdrücklich auf die Bedeutung des UN Global Compact verwiesen.[11]

Knapp 8 Jahre nach seiner Gründung hat der Global Compact bereits über 2900 Unternehmen aus 100 Ländern als Mitglieder gewonnen.[12] Die Zahl von Unternehmen, die Geld für soziale Zwecke gespendet und dazu beigetragen haben die Umwelt zu verbessern, ist in der Vergangenheit stark angestiegen.[13] Jedoch sind nicht alle CSR-Maßnahmen frei von Risiken, da Unternehmen, die ihre Spenden beispielsweise an die Absatzzahlen von bestimmten Produkten koppeln (Cause-Related Marketing), unterstellt wird, soziale Zwecke zur Erlangung ihrer eigenen Ziele auszubeuten.[14] Darüber hinaus sind die CSR-Bemühungen aus zwei wesentlichen Gründen häufig weniger erfolgreich als grundsätzlich möglich: Zum einen war das Engagement von Unternehmen begrenzt, weil viele Manager die Ausgaben für soziale

[7] Vgl. Schwab/Gartzke (2003), S. 1.
[8] Vgl. Hansen/Schrader (2005), S. 373.
[9] Vgl. Ruggie (2002), S. 27 ff.; Boyle/Boguslaw (2007), S. 107.
[10] Vgl. EU-Kommission (2001); EU-Kommission (2002).
[11] Vgl. Bundesregierung (2002), S. 73 ff.; Bundesregierung (2004), S. 175 ff.
[12] Vgl. United Nations (2007).
[13] Vgl. Lichtenstein/Drumwright/Braig (2004), S. 16.
[14] Vgl. Andreason (1996), S. 47 ff.; Pitzke (2006).

Zwecke als Ursache einer Schmälerung des Gewinns verstanden. Zum anderen sahen sich Unternehmen zu einem Engagement bei allgemein anerkannten gesellschaftlichen Projekten gezwungen, die in den meisten Fällen jedoch nicht in Einklang mit der Firmenstrategie standen.[15]

Aufgrund der wachsenden Bedeutung von CSR-Maßnahmen und des zuletzt identifizierten Problems von Unternehmen im Rahmen solcher Engagements interessiert vor allem, wie Unternehmen sowohl gesellschaftliches Engagement als auch wirtschaftliche Erfolgsziele in Einklang bringen können. In vielen Untersuchungen stellt sich hierbei der Fit zwischen dem Unternehmensimage und den CSR-Maßnahmen als bedeutender Erfolgsfaktor für CSR-Aktivitäten heraus.[16] Ob CSR-Maßnahmen, die in Einklang mit der Unternehmensstrategie stehen und sich an der Wertschöpfungskette ausrichten, dem Unternehmen Vorteile bringen, wurde hingegen bisher noch nicht empirisch überprüft. Dabei interessiert, ob durch diese idiosynkratischen CSR-Maßnahmen das Image des Unternehmens verbessert und die Absatzzahlen von Produkten gesteigert werden können. In diesem Zusammenhang ist auch die Aufdeckung der zentralen Einflussfaktoren zur Beurteilung von CSR-Maßnahmen durch die Konsumenten von großer Relevanz. Aus diesem Grund ist das zentrale Anliegen der Autoren dieses Buches die Konzeptualisierung eines Modells, das die Realität bezüglich der Beurteilung des Unternehmens und seiner Produkte durch Konsumenten vor dem Hintergrund eines CSR-Engagements abzubilden vermag. Weiterhin soll im Sinne einer weiteren Erfolgsdimension geklärt werden, ob sich durch die strategischen CSR-Maßnahmen die Preisbereitschaft der Nachfrager steigern lässt.

Zur Klärung der damit einhergehenden Fragen wird wie folgend beschrieben vorgegangen: In Kapitel 2 werden die begrifflichen und theoretischen Grundlagen von CSR behandelt und anschließend ausführlich die Hintergründe zur strategischen Ausrichtung von CSR vorgestellt. Auf der Grundlage dieses Wissens erfolgt in Kapitel 3 die Formulierung von Hypothesen zur Bildung eines Kausalmodells, das die Realität bezüglich der Wirkung von CSR-Maßnahmen bei Konsumenten widerspiegelt. In Kapitel 4 werden die postulierten Zusammenhänge und die Gültigkeit des Erklärungsmodells anhand empirischer Daten überprüft. Hierzu wird eine geeignete Forschungsmethode für die notwendige Operationalisierung der latenten Modell-

[15] Vgl. Porter/Kramer (2006), S. 78.
[16] Vgl. Becker-Olsen/Cudmore/Hill (2005), S. 46 ff.; Simmons/Becker-Olsen (2006), S. 154 ff.

konstrukte gewählt. Des Weiteren werden die Ergebnisse ausführlich dargestellt und im Sinne der Beantwortung der Forschungsfrage interpretiert. Anschließend gilt es, aus den Untersuchungsergebnissen konkrete Handlungsempfehlungen für die Marketingpraxis und die Marketingforschung abzuleiten. Den Abschluss der Studie bildet in Kapitel 5 eine Zusammenfassung der zentralen Erkenntnisse.

2 Konzeptionelle Grundlagen zu Corporate Social Responsibility

2.1 Grundlagen von CSR

2.1.1 Begriff und Historie von CSR

Die Übernahme von Verantwortung bedeutet generell, für die Folgen und Beweggründe seines Handelns und Nicht-Handelns gegenüber anderen und sich selbst einzustehen.[17] Mit der gesellschaftlichen Verantwortung von Unternehmen ist der Bereich angesprochen, der *„über die Erbringung wirtschaftlicher Leistungen hinausgeht"*,[18] also insbesondere die soziale und die ökologische Dimension betriebswirtschaftlichen Handelns. Die Übernahme von Verantwortung setzt einen Handlungsspielraum voraus, der freie Entscheidungen zwischen Alternativen zulässt. Das Bekenntnis zu CSR bedeutet insofern das Anerkennen vorhandener Handlungsspielräume und drückt die Bereitschaft aus, diese Spielräume zum Wohle der vom unternehmerischen Handeln betroffenen Akteure nutzen zu wollen.[19]

Gesellschaftliche Verantwortung von Unternehmen wird häufig mit den Begriffen „Corporate Social Responsibility" (CSR), „Corporate Responsibility" (CR) und „Corporate Citizenship" (CC) gleichgesetzt.[20] So wird zum Beispiel Corporate Responsibility von einigen Unternehmen bevorzugt, da durch den Begriff „sozial" mögliche Umweltaspekte nur ungenügend berücksichtigt werden oder „sozial" verstärkt mit deutschen Sozialausgaben in Verbindung gebracht wird.[21] Die Gefahr der Assoziation mit ausschließlich sozialen Aspekten besteht jedoch nicht, wenn das englische „social" mit dem deutschen „gesellschaftlich" übersetzt wird. Es herrscht allerdings Unklarheit über die genaue Begriffsbestimmung von CSR und CC.[22] Entsprechend definiert die EU-Kommission in ihrem Grünbuch CSR als *„Konzept, das den Unternehmen als Grundlage dient, auf freiwilliger Basis soziale Belange und Umweltbelange in ihre Unternehmenstätigkeit und in die Wechselbeziehungen mit den Stakeholdern zu integrieren"*.[23] Ein solches Bekenntnis zur unternehmerischen Verantwortung ist nicht allein ein Phänomen der letzten Jahre und tritt nicht nur unter der Bezeichnung CSR

[17] Vgl. Hansen (1988), S. 713.
[18] Dyllick (1989), S. 374.
[19] Vgl. Hansen/Schrader (2005), S. 375.
[20] Vgl. Schwerk (2007), S. 13.
[21] Vgl. Dierkes (1974), S. 21.
[22] Vgl. Schwerk (2007), S. 13.
[23] EU-Kommission (2002), S. 7.

auf.[24] Aus diesem Grund erscheint es zweckmäßig einen Blick auf die zeitliche Entwicklung des CSR-Verständnisses zu werfen.

Davis (1973) definierte in den siebziger Jahren CSR als „*the firm's consideration of, and response to, issues beyond the narrow economic, technical, and legal requirements of the firm to accomplish social [and environmental] benefits along with the traditional economic gains which the firm seeks*".[25] Anfangs hielt *Davis* CSR noch für ein unklares Konzept, doch vertrat er schon 1960 die heute weit verbreitete Ansicht, dass CSR dem Unternehmen langfristig Vorteile bringt und daher im Rahmen des Managementprozesses analysiert werden sollte.[26] *Carroll* (1979) subsumiert CSR eine weitere Facette, wonach „*the social responsibility of business encompasses the economic, legal, ethical and discretionary expectations that society has of organizatons at a given point of time*".[27] Der Managementforscher bringt hier zum Ausdruck, dass Maßnahmen im Bereich CSR dazu dienen, gesellschaftliche Belange in die ökonomische Verantwortung der Unternehmen einfließen zu lassen.[28]

Während die wissenschaftliche Reflexion des Begriffs CSR in den USA bis in die 50er Jahre zurückreicht,[29] wurden inhaltlich ähnliche Konzepte im deutschsprachigen Raum in der Vergangenheit unter anderen Bezeichnungen thematisiert. So war in den siebziger Jahren von der sozialen Verantwortung der Unternehmen die Rede, etwa im Davoser Manifest von 1973[30] oder in *Ulrichs* (1977) Konzept der „*Großunternehmung als quasi-öffentliche Institution*".[31] Eine viel diskutierte praktische Umsetzung waren in dieser Zeit Sozialbilanzen als Bewertungsformen sozialen Engagements von Unternehmen.[32] Es folgte die Umweltbewegung mit ihrem Schwerpunkt in den achtziger und neunziger Jahren und der Fokussierung auf ökologische Verantwortung von Unternehmen, die sich in der Betriebswirtschaftslehre insbe-

[24] Vgl. Hansen/Schrader (2005), S. 375.
[25] Davis (1973), S. 312.
[26] Vgl. Schwerk (2007), S. 13 f.
[27] Carroll (1979), S. 500.
[28] Vgl. Garriga/Melé (2004), S. 57.
[29] Vgl. Bowen (1953).
[30] Vgl. Steinmann (1973), S. 467 ff.
[31] Ulrich (1977), S. 373.
[32] Vgl. Dierkes (1974); Brockhoff (1979), S. 77 ff.; Fischer-Winkelmann (1980).

sondere im strategischen Management[33] sowie in den Funktionsbereichen Produktion,[34] Marketing[35] und Controlling[36] niedergeschlagen hat.

Die aktuellen Initiativen zur gesellschaftlichen Verantwortungsübernahme von Unternehmen, die sich seit den neunziger Jahren in fast allen OECD-Ländern[37] entwickelt haben, firmieren außer unter CSR oder dem übergeordneten Begriff „*Business Ethics/Unternehmensethik*" vor allem unter den Bezeichnungen „*Sustainable Management*" und „*Corporate Citizenship*", wobei es vielfach schwer fällt, hinter den unterschiedlichen Worten spezifische Inhalte zu identifizieren.[38] Sustainable Management (Nachhaltigkeit) knüpft direkt an die umfassendere Diskussion zu Sustainable Development an, die vor allem durch den Bericht „Our Common Future" der World Commission on Environment and Development (Brundtland-Kommission) 1987 sowie den Weltgipfel von Rio de Janeiro 1992 angestoßen wurde. Als nachhaltig wird demnach eine Entwicklung angesehen, durch die es gelingt, die Bedürfnisse aller heute lebenden Menschen zu befriedigen ohne die Möglichkeiten der Bedürfnisbefriedigung zukünftiger Generationen zu gefährden.[39]

Voraussetzung für eine Realisierung dieses Konzeptes ist es, die drei Dimensionen der Nachhaltigkeit, nämlich den ökonomischen Erfolg, die soziale Gerechtigkeit und die ökologische Verträglichkeit in Einklang zu bringen.[40] Die drei Verantwortungsbereiche lassen sich über die Erwartungen verschiedener Stakeholder[41] bestimmen.[42] Die klassische ökonomische Verantwortung eines Unternehmens drückt sich in der effizienten Nutzung knapper Ressourcen zur Erstellung von Produkten beziehungsweise Dienstleistungen (Erwartung von Kunden) in Verbindung mit der Erzielung von Gewinnen (Erwartung der Shareholder) und der langfristigen Sicherstellung der Existenz (Erwartung der Mitarbeiter) aus. Ökologische Verantwortung bedeutet, dass die Erstellung von Produkten und Dienstleistungen gleichzeitig besonders umweltschonend und damit nachhaltig vollzogen werden sollte. In dem Verantwortungs-

[33] Vgl. Dyllick (1989); Steinle/Lawa/Schollenberg (1994), S. 409 ff.; Pfriem (1995).
[34] Vgl. Dyckhoff (1992); Kreikebaum (1992).
[35] Vgl. Diller (1977), S. 6 ff.; Raffée (1979); Adlwarth/Wimmer (1986), S. 166 ff.; Balderjahn (1986); Brandt et al. (1988); Kaas (1992), S. 473 ff.; Meffert/Kirchgeorg (1992).
[36] Vgl. Seidel/Behrens (1992), S.136 ff.; Schaltegger/Sturm (1995).
[37] Organisation for Economic Co-operation and Development.
[38] Vgl. Hansen/Schrader (2005), S. 375.
[39] Vgl. WCED (1987), S. 43.
[40] Vgl. Enquete-Kommission (1998).
[41] Stakeholder sind alle berechtigten Anspruchsgruppen eines Unternehmens, vgl. Dyllick (1984), S. 74.
[42] Vgl. Carroll (1979), S. 497 ff.

bereich Soziales/Gesellschaft geht es grundsätzlich um Erwartungen verschiedener Stakeholder in Bezug auf ein gerechtes Miteinander in einem gemeinsamen System bzw. der Gesellschaft. Es wird zum Beispiel erwartet, dass die Aktivitäten des Unternehmens am Standort dem Gemeinwohl dienen. Das Unternehmen dient dem Gemeinwohl, indem es bestimmte Werte und Normen der Gemeinschaft unterstützt, positive externe Effekte[43] fördert und mögliche negative externe Effekte entsprechend kompensiert.[44] Umstritten ist in der Debatte zum Sustainable Management allerdings die Operationalisierung und angemessene Gewichtung der drei Nachhaltigkeitsdimensionen auf Unternehmensebene sowie die Möglichkeit der Berücksichtigung von Bedürfnissen zukünftiger Generationen.[45]

Das Aufkommen des Begriffs Corporate Citizenship ist eng verknüpft mit einer gesellschaftspolitisch geführten Debatte in den USA und Großbritannien um Rechte und Pflichten einzelner Akteure der Zivilgesellschaft.[46] Vor allem in Deutschland wird Corporate Citizenship zumeist beschränkt auf die Zusammenarbeit von Unternehmen mit zivilgesellschaftlichen Organisationen, also insbesondere auf Corporate Giving (Spenden, gesellschaftsorientiertes Sponsoring) und Corporate Volunteering (Freistellungen, Mentorenprogramme).[47] Ein darüber hinaus gehendes Verständnis betont auch das bürgerschaftliche Engagement von Unternehmen an der Schnittstelle zum Staat im Rahmen der Übernahme ordnungspolitischer Mitverantwortung.[48] Letztlich geht es im Rahmen dieses als „Neuer Gesellschaftsvertrag“ bezeichneten Arrangements um eine Neuverteilung von Rechten und Pflichten zwischen Bürgern, Staat, Unternehmen und gemeinnützigen Organisationen sowie um die Entfaltung ihrer assoziativ vernetzten Kooperationsbeziehungen.[49] Der CC-Gedanke betont damit den Aspekt der politischen Verantwortungsübernahme durch Unternehmen.[50]

Aus diesem Verständnis heraus grenzen einige Autoren CC klar von CSR ab, wie beispielsweise *Behrent/Wieland* (2003): „*CSR ist ein werte- und normengeleitetes Management zur*

[43] Externe Effekte sind Auswirkungen der Unternehmenaktivitäten auf das Umfeld, z.B. Schadstoffemissionen.
[44] Vgl. Schwerk (2007), S. 17.
[45] Vgl. Matten/Wagner (1998), S. 51 ff.; Dyllick/Hockerts (2002), S. 130 ff.; Paech/Pfriem (2002), S. 12 ff.; Schrader/Hansen (2002), S. 12 ff.; SRU (2002); Müller-Christ/Hülsmann (2003), S. 257 ff.
[46] Vgl. Backhaus-Maul (2004), S. 26.
[47] Vgl. Epstein (1989), S. 583 ff.; Enquete-Kommission (2002); Backhaus-Maul (2003).
[48] Vgl. Reilly/Kyj (1994), S. 37 ff.; Habisch (2003).
[49] Vgl. Backhaus-Maul/Brühl (2003), S. 11.
[50] Vgl. Schneider (2004), S. 30 ff.

Lösung sozialer und ökologischer Problemlagen. Die Definition dessen, was eine solche Lage auszeichnet, vollzieht sich über Stakeholder und gesellschaftliche Standards. CC wird demgegenüber demokratietheoretisch angesetzt, nämlich als Rechte und Pflichten des Unternehmens als moralisch proaktiver kollektiver Bürger".[51] Häufig wird die genaue Abgrenzung zwischen den beiden Begriffen jedoch vermieden.[52] Der Begriff CSR, der sich zumindest in Europa seit der Initiative der EU-Kommission gegenüber den verwandten Begriffen durchzusetzen scheint, ist grundsätzlich unbestimmter.

Corporate Social Responsibility	Unter CSR wird die Wahrnehmung sozialer und ökologischer Verantwortung durch Unternehmen verstanden, die über die jeweilige nationale rechtliche Verpflichtung hinausgeht. CSR ist ein Konzept, das den Unternehmen als Grundlage dient, auf freiwilliger Basis soziale Belange und Umweltbelange in ihre Unternehmenstätigkeit und in ihre Wechselbeziehungen mit den Stakeholdern zu integrieren.[53]
Corporate Citizenship	Als CC werden bereichsübergreifende Kooperationsprojekte zwischen Unternehmen und mindestens einem Partner aus einem anderen gesellschaftlichen Bereich (Bildungs-, Sozial- und Kultureinrichtungen, Bürgerinitiativen und NGOs) zur Lösung konkreter gesellschaftlicher Probleme verstanden. Die Kooperation muss für beide Seiten von Vorteil sein.[54]
Nachhaltige Entwicklung	Nachhaltige Entwicklung ist die gleichberechtigte Berücksichtigung von ökologischen, sozialen und wirtschaftlichen Gesichtspunkten. Nachhaltiges wirtschaften bedeutet, dass man versucht zukünftigen Generationen ein intaktes ökologisches, soziales und ökonomisches Gefüge zu hinterlassen.[55]

Tabelle 1: Begriffe zur gesellschaftlichen Verantwortung von Unternehmen

Während sich Sustainable Management am Nachhaltigkeitsprinzip[56] und Corporate Citizenship an der politischen Kategorie des Bürgers[57] messen lassen müssen, um sich nicht dem Vorwurf der Beliebigkeit auszusetzen, ist Corporate Social Responsibility dem Wort nach voraussetzungsloser und schließt im Prinzip auch kurzfristige, geringfügige und isolierte Aktivitäten mit ein. Ernst genommen und als umfassendes unternehmerisches Konzept verstanden besitzt CSR jedoch zahlreiche Bezüge zu den anderen Ansätzen. So wird bei der inhaltli-

[51] Behrent/Wiehland (2003), S. 17.
[52] Vgl. Schwerk (2007), S. 15.
[53] Vgl. EU-Kommission (2001).
[54] Vgl. Habisch (2003), S. 53.
[55] Vgl. Bundesregierung (2001).
[56] Vgl. Dyllick/Hockerts (2002), S.130 ff.
[57] Vgl. Schrader (2003); Matten/Crane (2005), S. 166 ff.

chen Konkretisierung von CSR häufig Bezug genommen auf das Nachhaltigkeitskonzept.[58] Zwar impliziert der Nachhaltigkeitsbegriff in der Regel eine Gleichrangigkeit der drei Zieldimensionen, während sich CSR primär auf Ökologie und Soziales bezieht und der wirtschaftliche Erfolg dabei eher als Folge denn als Bestandteil der Übernahme gesellschaftlicher Verantwortung gesehen wird.

Das Ideal der intra- und intergenerativen Gerechtigkeit wird jedoch unter beiden Überschriften vertreten. Versteht man CSR in einem umfassenderen Sinne, dann bezieht sich die gesellschaftliche Verantwortung von Unternehmen gleichermaßen auf das Kerngeschäft, die Unterstützung der Zivilgesellschaft und auf die Beteiligung an der Weiterentwicklung der Rahmenordnung. Die Diskussion über mögliche Chancen von CSR ist demnach unter anderem eine Erörterung der Folgen überdurchschnittlich ausgeprägter gesellschaftlicher Verantwortungsübernahme.[59]

2.1.2 Erscheinungsformen und Varianten von CSR

Wenn sich ein Unternehmen gesellschaftlich engagieren möchte, reichen die Möglichkeiten in der klassischen Einteilung je nach Medienwirkung und Motiven des Unternehmens von Mäzenatentum (wenig Medienwirkung, altruistische Motive) über Spendenwesen bis hin zu Sponsoring (viel Medienwirkung, profit-orientierte Motive).[60] Da CSR sehr weit gefasst ist,[61] fallen auch die Felder des unternehmerischen Engagements[62] zahlreich und unterschiedlich aus. Anhand einer Datenbasis von 600 befragten U.S.-Unternehmen identifizierten *Sen/ Bhattacharya* (2001) sechs Kategorien, welche die größten Felder des gesellschaftlichen Engagements enthalten:[63]

1) Unterstützung der Gemeinschaft („Community Support“): z. B. Unterstützung von Kunst und Gesundheitsprogrammen, Bildungs- und Wohnungsinitiativen für wirtschaftlich Benachteiligte, Spenden.

[58] Vgl. van Marrewijk (2003), S. 95 ff.
[59] Vgl. Hansen/Schrader (2005), S. 376 f.
[60] Vgl. Nieschlag/Dichtl/Hörschgen (1997), S. 538 ff.; Bruhn (2003), S. 3 ff.
[61] Vgl. Carroll (1979), S. 500.
[62] Vgl. Sen/Bhattacharya (2001), S. 226.
[63] Vgl. Sen/Bhattacharya (2001), S. 226; Bhattacharya/Sen (2004), S. 13.

2) Ungleichheit („Diversity"): z. B. Initiativen innerhalb und außerhalb der Unternehmen zur Gleichbehandlung von allen Menschen.
3) Arbeitnehmerunterstützung: z. B. Aktionen zur Sicherheit am Arbeitsplatz, Erfolgsbeteiligung, Einbeziehung der Mitarbeiter, Beziehung zu Gewerkschaften.
4) Umwelt: z. B. Verwendung und Herstellung von umweltfreundlichen Produkten, keine Tierversuche, Abgaskontrolle, Recycling.
5) Andere Länder: z. B. Eingriff in Länder mit Menschenrechtsverletzungen, Beachtung der Arbeitsbedingungen.
6) Produkt: z. B. Produktsicherheit, Forschung und Entwicklung.

Da das Forschungsgebiet CSR ist in den letzten Jahren stark gewachsen ist, lässt sich eine große Vielfalt von Theorien identifizeren, auf die die CSR- Forschung rekurriert. Zusammenfassend lassen sich diese in vier Gruppen einteilen:[64]

1) Instrumentale Theorien, in denen CSR als ein Instrument zur Vermögensvermehrung gesehen wird und soziale Aktivitäten ein Mittel zur Erreichung wirtschaftlicher Ergebnisse sind.
2) Politische Theorien, welche sich mit der Macht der Unternehmen in der Gesellschaft und dem verantwortungsbewussten Gebrauch dieser Macht auf dem politischen Gebiet beschäftigen.
3) Integrative Theorien, in welcher die Unternehmen auf die gesellschaftlichen Anforderungen fokussiert sind.
4) Ethische Theorien, die auf moralische Verantwortungen der Unternehmen gegenüber der Gesellschaft basieren.

Instrumentale Theorien

CSR dient bei diesen Erklärungsansätzen nur als ein strategisches Mittel, um wirtschaftliche Ziele zu erreichen. Ein Vertreter dieses Ansatzes ist *Friedman* (1970) der in einem Artikel in der New York Times schrieb, dass *„there is one and only one social responsibility of business – to use its resources and engage in activities designed to increase its profits so long as it stays within the rules of the game, which is to say, engages in open and free competition*

[64] Vgl. Garriga/Melé (2004), S. 51 f.

without deception or fraud".[65] Es können die folgenden drei Hauptgruppen der instrumentalen Theorien identifiziert werden, die sich in ihrer Zielstruktur unterscheiden:[66]

- **Maximierung des Shareholder Value**
  Einerseits sollte jede legale Investition in gesellschaftliche Zwecke getätigt werden, die den Shareholder Value und somit den Marktwert des Unternehmens erhöht. Andererseits sollten die gesellschaftlichen Ausgaben abgelehnt werden, die dem Unternehmen nur Kosten verursachen. Als ein Beispiel nennt *Friedman* (1970) Investitionen in die lokale Gemeinde: „*It will be in the long run interest of a corporation that is a major employer in a small community to devote resources to providing amenities to that community or to improving ist government. That makes it easier to attract desirable employees, it may reduce the wage bill or lesson losses from pilferage and sabotage or have other worthwile effects*". [67]

- **Strategien zur Erlangung von Wettbewerbsvorteilen**
  Als wirtschaftliches Ziel kann aber auch der optimale Einsatz von Ressourcen zur langfristigen Erreichung gesellschaftlicher Ziele und Wettbewerbsvorteile ausgelobt werden.[68] Dies ist z. B. der Fall, wenn ein Telekommunikationsunternehmen Schüler in ihrer Gemeinde über Netzwerkadministration unterrichtet.[69] Ferner berücksichtigen diese Ansätze das untere Ende der wirtschaftlichen Pyramide. Üblicherweise konzentrieren sich die meisten Unternehmen auf Produkte für die Ober- und Mittelklasse, doch die meisten Menschen der Weltbevölkerung sind arm oder gehören der unteren Mittelschicht an. Diese Strategie sieht die Armen nicht als ein Problem sondern als eine Möglichkeit an, um den Armen zu helfen und gleichzeitig Gewinne zu erzielen. Laut *Prahalad* (2002) verfügen diese ca. 4 Mrd. Menschen zusammengerechnet über ein großes Vermögen, welche Unternehmen mit disruptiven Technologien[70] bedienen könnten.[71] Diese

[65] Friedman (1970), S. 126.
[66] Vgl. Garriga/Melé (2004), S. 53.
[67] Friedman (1970), S. 122.
[68] Vgl. Husted/Allen (2000), S. 21 ff.
[69] Vgl. Porter/Kramer (2002), S. 58 ff.
[70] Disruptive Technologien sind Produkte oder Dienstleistungen, die nicht dieselben Fähigkeiten und Bedingungen haben wie diejenigen, die in den Hauptmärkten genutzt werden.
[71] Vgl. Prahalad (2002), S. 6 ff; Prahalad/Hammond (2002), S. 48 ff.

Technologien sind häufig zur Konzeption einfacher und preiswerter Leistungen geeignet, die von neuen Kundengruppen erworben werden.[72] Ein Telekommunikationsunternehmen könnte z. B. ein kleines Mobilfunksystem mit niedrigeren Kosten und geringem Servicegrad für diese Gebiete anbieten. Disruptive Technologien können somit die gesellschaftlichen und wirtschaftlichen Bedingungen der ärmeren Menschen verbessern und gleichzeitig Wettbewerbsvorteile in Entwicklungsländern für Unternehmen schaffen.[73]

- **Cause-Related Marketing**

  Cause-Related Marketing wird definiert als „*the process of formulating and implementing marketing activivties that are characterized by an offer from the firm to contribute a specified amount to a designated cause when customers engage in a revenue-providing exchanges that satisfy organizational and individual objectives*".[74] Das Ziel ist also die Umsätze des Unternehmens oder die Kundenbindung, durch die Übernahme von und Verbindung mit der moralischen Dimension oder gesellschaftlich verantwortlichen Dimension, zu fördern.[75] Es geht um die Differenzierung der Produkte durch Entwicklung von gesellschaftlich verantwortlichen Attributen, die sich auf die Unternehmensreputation auswirken.[76] *McWilliams/Siegel* (2001) heben hervor, dass „*support of cause related marketing creates a reputation that a firm is reliable and honest. Consumers typically assume that the products of a reliable and honest firm will be of high quality*".[77]

Politische Theorien

Greift die CSR-Forschng auf politische Theorien zurück, so liegt der Fokus zur Erklärung des interssierenden Phänomens auf den Wechselbeziehungen und Verbindungen zwischen Wirtschaft und Gesellschaft sowie auf der Macht und Position der Wirtschaft und ihrer anhaftenden Verantwortung. Zwei Ansätze spielen hier eine herausragende Rolle: *Corporate Constitutionalism* und *Corporate Citizenship*.[78]

---

[72] Vgl. Christensen/Overdorf (2000); Christensen/Craig/Hart (2001).
[73] Vgl. Hart/Christensen (2002), S. 51 ff.; Prahalad/Hammond (2002), S. 48 ff.
[74] Varadarajan/Menon (1988), S. 60.
[75] Vgl. Murray/Montanari (1986), S. 815 ff.; Varadarajan/Menon (1988), S. 58.
[76] Vgl. Smith/Higgins (2000), S. 304 ff.
[77] McWilliams/Siegel (2001), S. 120.
[78] Vgl. Garriga/Melé (2004), S. 55.

- **Corporate Constitutionalism**

  Davis (1960) lenkte in der CSR-Debatte die Diskussion bereits früh auf die Macht der Wirtschaft in der Gesellschaft.[79] Er betonte, dass ein Unternehmen eine gesellschaftliche Institution ist und ihre Macht verantwortlich nutzen muss.[80] Zwei Prinzipien waren deshalb für seine Überlegungen zental. Das erste Prinzip der „social power equation" besagt, dass „*social responsibilities of businessmen arise from the amount of social power that they have*".[81] Das zweite Prinzip der „iron law of responsibility" besagt, dass „*whoever does not use his social power responsibly will lose it*". Wenn also ein Unternehmen seine soziale Macht nicht nutzt, wird es langfristig seine Position in der Gesellschaft verlieren, weil andere sie in Anspruch nehmen werden – insbesondere dann, wenn die Gesellschaft Verantwortung von der Wirtschaft verlangt.[82]

- **Corporate Citizenship**

  Aufgrund der Krise des Wohlfahrtsstaates und der Globalisierung besitzen große multinationale Unternehmen häufig größere wirtschaftliche und soziale Macht als einige Regierungen. Den verantwortlichen Managern wurde immer mehr bewusst, dass Unternehmen den Gemeinden, in denen sie operieren, Beachtung schenken sollten.[83] *Matten/Crane/Chapple* (2003) unterscheiden drei Arten von Corporate Citizenship:

  (1) Limited View: Diese Art von Corporate Citizenship ähnelt der Wohltätigkeit von Unternehmen, sozialen Investitionen oder der Übernahme bestimmter Verantwortungen in der lokalen Gemeinde.[84]

  (2) A View equivalent to CSR: *Carroll* (1999) behauptet, dass „*Corporate Citizenship seems a new conceptualization of the role of business in society and depending on which way it is defined, this notion largely overlaps with other theories on the responsibility of business in society*".[85]

---

[79] Vgl. Davis (1960), S. 70 ff.
[80] Vgl. Davis (1967), S. 45 ff.
[81] Davis (1967), S. 48.
[82] Vgl. Davis (1960), S. 63.
[83] Vgl. Garriga/Melé (2004), S. 57.
[84] Vgl. Matten/Crane/Chapple (2003), S. 109 ff.
[85] Vgl. Carroll (1999), S. 268.

(3) Extended View: Diese Ausprägung von Corporate Citizenship beinhaltet, dass Unternehmen gesellschaftlich aktiv werden, wenn Regierungen bei der Bewahrung der Gesellschaft versagen.[86]

Integrative Theorien

Diesen Ansätzen liegt die Idee zugrunde, dass es gesellschaftliche und wirtschaftliche Anforderungen integriert zu betrachten gilt. Es gibt demnach keine Handlungen, die das Management über die gesamte Zeit und über alle Industrien hinweg ausüben kann.[87] Als integrative Theorien werden das *Issues Management*, das *Prinzip der öffentlichen Verantwortung*, das *Stakeholder Management* und die *Corporate Social Performance* verstanden.

- **Issues Management**

  Wartrick/Rude (1986) definiert Issues Management als „*the processes by which the corporation can identify, evaluate and respond to those social and political issues which may impact significantly upon it*".[88] Der Ansatz setzte sich mit gesellschaftlichen Belangen und den Unternehmensprozessen, die für die Bewältigung dieser Belange erforderlich sind, auseinander.[89] Dabei ist die Betrachtung der Lücke zwischen der von der Öffentlichkeit erwarteten Performance der Organisation und der tatsächlichen Performance der Organisation von großer Relevanz. Diese Lücke befindet sich für Gewöhnlich in dem Bereich, den *Ackerman* (1973) die „*zone of discretion*"[90] nennt und in der das Unternehmen uneindeutige Signale von ihrer Umwelt erhält. Das Unternehmen sollte die Lücken erkennen und eine Lösung zu deren Schließung identifizieren.[91]

- **Prinzip der öffentlichen Verantwortung**

  Preston/Post (1975) wählten bewusst den Begriff der öffentlichen Verantwortung anstatt der gesellschaftlichen Verantwortung, um die Wichtigkeit des öffentlichen Prozesses zu betonen. Im Gegensatz dazu stehen persönlich-moralische Anschauungen oder begrenzte

[86] Vgl. Matten/Crane/Chapple (2003), S. 109 ff.
[87] Vgl. Preston/Post (1975), S. 52 f.
[88] Wartrick/Rude (1986), S. 124.
[89] Vgl. Sethi (1975), S. 58 ff.
[90] Weder reguliert noch illegal oder sanktioniert; vgl. Ackerman (1973), S. 92.
[91] Vgl. Ackerman/Bauer (1976).

Interessensgruppen, die die Bandbreite der Verantwortungen definieren.[92] Sie gehen davon aus, dass „*public policy includes not only the literal text of law and regulation but also the broad pattern of social direction reflected in public opinion, emerging issues, formal legal requirements and enforcement or implementation practices*".[93] Das Autorengespann analysierte die Managementverantwortung in Bezug auf die Einbindung des Unternehmens in ihre gesellschaftliche Umwelt.

- **Stakeholder Management**
  Obwohl das Stakeholder Management in der Praxis schon lange etabliert ist, begann die wissenschaftliche Aufarbeitung des Ansatzes erst Ende der siebziger Jahre.[94] In ihrem Aufsatz präsentieren *Emshoff/Freeman* (1978) zwei Grundprinzipien, die das Stakeholder Management untermauern. Das erste besagt, dass das Hauptziel die Erreichung maximaler Übereinstimmung zwischen allen Stakholdern und den Zielen des Unternehmens ist. Das zweite besagt, dass die wirksamsten Strategien zur Verwaltung von Stakeholderbeziehungen Bemühungen beinhalten, die die Belange mehrerer Stakeholder gleichzeitig betreffen.[95] In letzter Zeit wurden Unternehmen zunehmend von Non-profit Organisationen (NGOs), Aktivisten, Gemeinden, Regierungen, Medien und anderen institutionellen Kräften unter Druck gesetzt. Diese Gruppen verlangen von Unternehmen das, was sie als verantwortungsbewusstes Handeln betrachten.[96]

- **Corporate Social Performance**
  Carroll (1979) stellte dieses Konzept zur Diskussion, indem er ein Corporate Performance Modell mit drei Elementen vorschlug. Eine grundlegende Definition von Social Responsibility, eine Auflistung von Belangen in denen Social Responsibility existiert und eine Beschreibung der Antwortphilosophie auf gesellschaftliche Belange. *Carroll* ging davon aus, dass eine Definition von Social Responsibility, welche die gesamten Verpflichtungen der Wirtschaft gegenüber der Gesellschaft umfasst, die wirtschaftlichen, gesetzlichen, ethi-

[92] Vgl. Garriga/Melé (2004), S. 58.
[93] Preston/Post (1981), S. 57.
[94] Vgl. Sturdivant (1979), S. 53 ff.
[95] Vgl. Emshoff/Freeman (1978).
[96] Vgl. Garriga/Melé (2004), S. 59.

schen und discretionary Kategorien der Business Performance enthält.[97] Später fügte er seine vier Teile Kategorisierung in die „*Pyramid of Corporate Social Responsibility*" ein.[98]

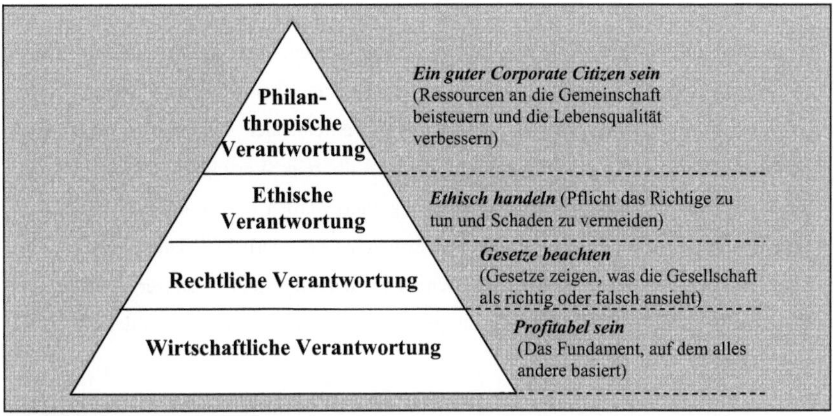

Abbildung 1: Pyramide der Corporate Social Responsibility[99]

Ethische Theorien

Die vierte Gruppe der Theorien und Ansätze konzentriert sich auf die moralischen Anforderungen, die die Beziehung zwischen Wirtschaft und Gesellschaft zementieren. Sie basieren auf Prinzipien, welche das richtige Verhalten oder die Notwendigkeit eine gute Gesellschaft zu erreichen ausdrücken. Als Hauptansätze gelten die vier Folgenden:[100]

- **Normative Stakeholder Theorie**

  Freeman (1984) versteht unter Stakeholder die Gruppen, die einen Anteil an dem Unternehmen halten oder das Unternehmen in Anspruch nehmen (Lieferanten, Kunden, Mitarbeiter, Aktionäre und die regionale Gemeinde).[101] *Donaldson/Preston* (1995) präzisieren dies und gehen davon aus, dass die Stakeholder Theorie einen auf zwei Hauptideen basierenden normativen Kern besitzt: Erstens sind Stakeholder Personen oder Gruppen,

[97] Vgl. Carroll (1979), S. 497 ff.
[98] Vgl. Carroll (1991), S. 39 ff.
[99] Eigene Darstellung in Anlehnung an Carroll (1991), S. 42.
[100] Vgl. Garriga/Melé (2004), S. 60.
[101] Vgl. Freeman (1984).

die mittels ihres Interesses an dem Unternehmen identifiziert werden. Zweitens sind alle Interessen der Stakeholder von intrinsischem Wert, d. h. dass jede Stakeholdergruppe ihres Selbst wegen Berücksichtigung verdient und nicht aufgrund ihrer Fähigkeit, die Interessen anderer Gruppen, wie z. B. den Aktionären, zu unterstützen.[102]

Aufbauend auf dieser Theorie erfordert es für die Existenz eines gesellschaftlich verantwortungsbewussten Unternehmens, dass die gleichzeitige Beachtung der berechtigten Interessen aller dazugehörigen Stakeholder und die aufeinander Abstimmung dieser Interessen realisiert ist. Es geht folglich um mehr als die reine Verfolgung der Aktionärsinteressen.[103] Um darzulegen wie Unternehmen geführt werden sollten, ist laut dieser Theorie ein normativer Kern aus moralischen Prinzipien erforderlich.[104] Dazu haben einige Forscher unterschiedliche normativ-ethische Theorien aufgestellt.[105] Dieser auf ethischen Theorien beruhende Stakeholder Ansatz präsentiert eine Sicht von CSR in der die Moral zentral ist.[106]

- **Universal Rights**
  Als Basis für diese Sicht auf die CSR werden die Menschenrechte herangezogen.[107] In den letzten Jahren wurden einige auf Menschenrechten basierende Ansätze für Corporate Responsibility aufgestellt. Ein Ansatz ist der seit 2000 vorhandene UN Global Compact, der neun Prinzipien aus den Bereichen Menschenrechte, Arbeitsrechte und Umweltschutz enthält. Ein anderer Ansatz ist der Global Sullivan Principles, der das Ziel verfolgt wirtschaftliche, soziale und politische Gerechtigkeit durch Unternehmen in ihren Tätigkeitsgebieten zu unterstützen. All diese Ansätze basieren auf der von der Generalversammlung im Jahre 1948 eingeführten Universal Declaration of Human Rights und auf anderen internationalen Menschenrechts-, Arbeitsrechts- und Umweltschutzerklärungen.[108]

---

[102] Vgl. Donaldson/Preston (1995), S. 67.
[103] Vgl. Garriga/Melé (2004), S. 60.
[104] Vgl. Freeman (1994), S. 409 ff.
[105] Vgl. Phillips (1997), S. 51 ff.; Phillips (2003), S. 25 ff.
[106] Vgl. Garriga/Melé (2004), S. 61.
[107] Vgl. Cassel (2001), S. 261 ff.
[108] Vgl. Garriga/Melé (2004), S. 61.

- **Nachhaltige Entwicklung**
  Dieses auf Werte basierende Konzept wurde eher auf Makroebene als auf Unternehmensebene entwickelt, erfordert aber dennoch einen Unternehmensbeitrag.[109] Die Bezeichnung entstand 1987 als die World Commission on Environment and Development (United Nations) den sog. Brundtland Report veröffentlichte. Dieser erklärte, dass nachhaltige Entwicklung „*seeks to meet the needs of the present without compromising the ability to meet the future generation to meet their own needs*".[110] In den Worten der World Business Council for Sustainable Development erfordert Nachhaltigkeit die Integration von gesellschaftlicher, ökologischer und wirtschaftlicher Betrachtungen, um abgewogene Entscheidungen für die lange Frist zu treffen.[111] Die meisten Definitionen sehen Nachhaltigkeit als „*a process of achieving human development in an inclusive, connected, equiparable, prudent and secure manner*".[112]

- **Der Allgemeinwohl Ansatz**
  Diesem Ansatz liegt die Idee zugrunde, dass Unternehmen so wie alle anderen Gruppen und Individuen der Gesellschaft, zum Allgemeinwohl beitragen müssen, da sie ein Teil der Gesellschaft sind. Es wird argumentiert, dass Unternehmen eine Vermittlerrolle besitzen und sie die Gesellschaft weder schädigen noch ausnutzen, sondern einen positiven Beitrag zur Gesellschaft leisten.[113] In gewisser Weise weist dieser Ansatz ein Maß an Ähnlichkeit zum Stakeholder Ansatz und der Nachhaltigen Entwicklung auf, wobei sich die philosophische Basis unterscheidet.[114]

2.1.3 Ziele und Gefahren von CSR

Die Hälfte aller europäischen Unternehmen und nahezu alle multinationalen Konzerne veröffentlichen CSR-Berichte oder informieren auf ihren Websites über ihr gesellschaftliches Engagement, um zu dokumentieren wie verantwortungsbewusst sie mit ihren Stakeholdern umgehen.[115] Doch Untersuchungen zufolge vertrauen weniger als 20 Prozent der Kunden und Investoren diesen Informationen. Ein Grund für das Misstrauen der Abnehmer liegt darin

---

[109] Vgl. Garriga/Melé (2004), S. 61.
[110] WCED (1987), S. 8.
[111] Vgl. World Business Council for Sustainable Development (2000), S. 2.
[112] Gladwin/Kennelly (1995), S. 876.
[113] Vgl. Fort (1996), S. 149 ff.; Fort (1999), S. 391 ff.
[114] Vgl. Argandona (1998), S. 1093 ff.
[115] Vgl. Luo/Bhattacharya (2006), S. 1.

begründet, dass 90 Prozent aller Unternehmen sich mit den gleichen Werten schmücken. Begriffe wie Integrität, Vertrauen, Verlässlichkeit nutzen sich ab und werden als bloßes Etikett betrachtet. Der Gedanke vom Etikettenschwindel wirkt plausibel, weil einige Skandalunternehmen, wie z. B. Enron, auch diese Werte vertraten, bevor deren wahre Geschäftsgebaren publik wurden.

Angesichts dieser Entwicklungen untersucht u. a. das Centre for Reputation am Henley Management College seit 1999, was Stakeholder unter der Verantwortung von Unternehmen verstehen. Es wurden bisher 10.000 Stakeholder aus unterschiedlichen Branchen und europäischen Ländern dazu befragt. Das Ergebnis zeigt, dass 80 Prozent aller Kunden und Investoren wissen möchten, welche Erfahrungen andere Stakeholder mit einem bestimmten Unternehmen gemacht haben. Diesbezüglich zeigt sich, dass globale Unternehmen zu den Institutionen der modernen Gesellschaft gehören, denen die Öffentlichkeit am wenigsten traut. Dieses Misstrauen wirkt auch nach innen, denn gerade Toptalente achten sehr genau auf den Ruf ihres Arbeitgebers. *Jack Welch*, langjähriger CEO von General Electric, hat erklärt, dass die bevorzugten Arbeitgeber diejenigen seien, die *„verstanden haben, dass das, was gut für die Gesellschaft auch gut für das Geschäft ist*“.[116] Diesen Gedanken untermauern *Montgomery/Ramus* mit den Erkenntnissen aus ihrer Befragung von MBA-Studenten. Diese wären überwiegend bereit ein niedrigeres Gehalt zu akzeptieren, wenn es sich beim Arbeitgeber um ein verantwortlich handelndes Unternehmen handelt.[117]

Die wachsende Zuweisung von gesellschaftlicher Verantwortung an Unternehmen resultiert vor allem aus Veränderungen in der Position des Wirtschaftssektors im Verhältnis zu Staat und Zivilgesellschaft, wobei diese drei Sektoren in Wechselwirkung bezüglich ihrer, vor allem von der Globalisierung getriebenen, Einflüsse stehen.[118] Die Regierungen haben weltweit an Bedeutung verloren, da ihre Gestaltungsmacht – etwa im Hinblick auf die Lösung sozialer und ökologischer Probleme – durch die überwiegend defizitären Staatshaushalte drastisch gesunken ist.[119] Andererseits sind durch die Globalisierung der Weltwirtschaft auch die

[116] von Oetinger/Reeves (2007), S. 60; The Economist (2008), S. 4.
[117] Vgl. Montgomery/Ramus (2003).
[118] Vgl. Warhurst (2001), S. 62 ff.; Matten/Crane/Chapple (2003), S. 115 ff.
[119] Vgl. Logan (1998), S. 66.

rechtlichen Gestaltungsmöglichkeiten der Nationalstaaten geringer geworden.[120] Zwar versuchen im staatlichen Sektor verschiedene supranationale Institutionen wie die UN, die WTO oder die EU diesen Machtverlust der Nationalstaaten zu kompensieren, jedoch ist ihre Handlungsfähigkeit durch bestehende nationale Interessensgegensätze beschränkt. Dieser Situation steht ein Bedeutungsgewinn des privatwirtschaftlichen Sektors gegenüber.

Unternehmen gewinnen an Machtpotenzial gegenüber dem Nationalstaat durch die Möglichkeit, ihr Kapital weltweit einzusetzen und sich dadurch dem Einfluss einzelner Staaten zu entziehen.[121] Darüber hinaus entsteht ein Machtzuwachs bedeutender multinationaler Konzerne, deren Umsätze die Bruttoinlandsprodukte vieler Nationalstaaten überschreiten.[122] Mit globalen Fusionen, Verlagerungen von Wertschöpfung in Niedriglohnländer und weltweiten Investitionen greifen die Firmen immer tiefer in das Leben des Einzelnen ein.[123] Da Unternehmen in hohem Maße zur Verbesserung oder Verschlechterung der ökonomischen, sozialen und ökologischen Situation einer Gesellschaft beitragen können, richten sich auf sie große Hoffnungen und gleichzeitig ebenso große Befürchtungen. Einerseits lebten noch niemals zuvor so viele Menschen auf einem relativ hohen materiellen Wohlstandsniveau,[124] andererseits sind globale ökologische Probleme wie der Treibhauseffekt oder soziale Folgen der Produktionsverlagerung in Länder mit unzureichender oder nicht durchgesetzter Arbeitsschutzgesetzgebung heute so relevant wie nie zuvor.[125]

Diesbezüglich sind für die Unternehmen neue Anforderungen aus dem dritten Sektor beziehungsweise der Zivilgesellschaft auf zwei Ebenen entstanden: Auf einer institutionellen Ebene wächst die Zahl und die Bedeutung so genannten Nichtregierungsorganisationen (NGOs).[126] Viele NGOs setzen sich öffentlich mit der Rolle der Unternehmen in verschiedenen gesellschaftlichen Zusammenhängen auseinander, üben Kritik oder bieten ihre Kompetenz für Kooperationen mit Unternehmen an.[127] Ihre Aktivitäten erlangen Verstärkung durch die Medien und erreichen so auch die Ebene der einzelnen Bürger, die wiederum als Konsu-

[120] Vgl. Marsden/Andriof (1998), S. 334 f.; Seitz (2002), S. 9 f.
[121] Vgl. Dietzfelbinger (2001), S. 66 ff.; Wieland (2002), S. 14 f.; McIntosh et al. (2003), S. 15 ff.
[122] Vgl. Logan (1998), S. 66 f.; Marsden/Andriof (1998), S. 335.
[123] Vgl. The Economist (2005b); von Oetinger/Reeves (2007), S. 63.
[124] Vgl. Dollar/Kraay (2002), S. 120 ff.
[125] Vgl. Hansen/Schrader (2005), S. 378.
[126] Vgl. Logan (1998), S. 67 f.; McIntosh et al. (2003), S. 39 ff.
[127] Vgl. Leggewie (2003); Heal (2005), S. 389.

menten in ständigem Kontakt mit Unternehmen stehen. Auf dieser individuellen Ebene bezeugt ein erheblicher Anteil der Bürger – die zugleich auch Konsumenten und Arbeitnehmer sind – ein Interesse an dem, was Unternehmen an externen Effekten verursachen, weist ihnen Verantwortung für gesellschaftliche Missstände zu und erwartet von ihnen Abhilfe.[128] Außerdem gibt es seit 2003 die so genannten Equator Principles, in denen sich mittlerweile 60 Banken verpflichten lediglich solche Projekte zu finanzieren, die die dort angeführten Kriterien für gesellschaftliche Verantwortung erfüllen. Somit wird es für Unternehmen die ihrer Rolle in der Gesellschaft nicht gerecht werden zunehmend schwierig Kredite zu erhalten.[129]

Im Wesentlichen lassen sich vier Begründungen der Befürworter von CSR anführen, wobei diese auch Schwächen offenbaren.[130] Dass Unternehmen sich als gute „Mitbürger" verstehen und „Gutes tun" sollen, spielt eine wichtige Rolle bei den Zielen, die z. B. die Organisation „Business for Social Responsibility" aufstellt. Letztgenannte Organisation versteht sich als das führende gemeinnützige CSR-Netzwerk von Unternehmen in den USA. Es verlangt, dass seine Mitglieder kommerziellen Erfolg unter Berücksichtigung ethischer Werte und des respektvollen Umgangs mit den Menschen, der Gemeinschaft und der Umwelt erzielen.[131] Das gesellschaftliche Engagement von Unternehmen ist nach wie vor stark von einem solchen *moralischen Pflichtgefühl* geprägt.[132] Manche Regeln sind einfach zu verstehen und anzuwenden, wie etwa die Einhaltung gesetzlicher Vorschriften. Doch meist stellt sich das Problem, dass moralische Anforderungen absolut formuliert sind, während die Manager bei gesellschaftlichen Engagements gewöhnlich zwischen konkurrierenden Werten, Interessen und Kosten abwägen müssen.[133] So führte Googles Eintritt in den chinesischen Markt[134] beispielweise zu einem Konflikt. Die amerikanischen Kunden lehnen Zensur ab, die chinesische Regierung erlegt aber rechtliche Beschränkungen in dieser Hinsicht auf. Es gibt noch keine moralische Berechnungsmethode, um gesellschaftliche Vorteile oder ihre Kosten gegeneinander abzuwägen.[135]

[128] Vgl. Lunau/Ulrich/Streiff (2003).
[129] Vgl. Heal (2005), S. 403 ff.; The Economist (2008), S. 13; Equator Principles (2008).
[130] Vgl. Porter/Kramer (2006), S. 81.
[131] Vgl. Business for Social Responsibility (2008).
[132] Vgl. Baron (2001), S. 8.
[133] Vgl. Porter/Kramer (2006), S. 82.
[134] Vgl. Patalong (2006).
[135] Vgl. Porter/Kramer (2006), S. 82.

Das Prinzip der *Nachhaltigkeit* appelliert an eine aufgeklärte Form der Eigennützigkeit, die aber auch Anderen zugute kommt. In diesem Zusammenhang wird häufig gefordert, dass Unternehmenserfolg im Hinblick auf die drei Säulen der Nachhaltigkeit (Ökonomie, Soziales, Ökologie) gemessen werden sollte. Firmen sollten so agieren, dass ihre langfristige Wirtschaftsleistung gesichert wird, indem sie kurzsichtiges Handeln, das der Gesellschaft Schaden zufügt oder Umweltressourcen vergeudet, vermeiden.[136] Dieser Grundsatz funktioniert gut bei Themen, die mit den wirtschaftlichen und ordnungspolitischen Interessen des Unternehmens übereinstimmen. Der Chemiekonzern DuPont konnte z. B. seit 1990 mehr als zwei Mrd. Dollar einsparen, indem es den Energieverbrauch senkte. In anderen Bereichen jedoch kann der Begriff Nachhaltigkeit so vage sein, dass er bedeutungslos wird. Die Aussagen, Transparenz sei nachhaltiger als Korruption oder eine vernünftige Personalpolitik sei nachhaltiger als Ausbeutung, bieten wenig Anhaltspunkte, um langfristige Ziele und kurzfristige Kosten gegeneinander abzuwägen.[137]

Der Begriff *gesellschaftliche Betriebslizenz* (License-to-operate) umschreibt, das jedes Unternehmen die stillschweigende oder ausdrückliche Erlaubnis der Regierungen, der Gesellschaft und zahlreicher Interessensvertreter braucht, um seinem Geschäft nachzugehen. Der Ansatz ist im Vergleich zu dem der Nachhaltigkeit weitaus pragmatischer. Er bietet Managern ganz konkrete Anhaltspunkte, um soziale Themen zu identifizieren, die für die Stakeholder von Bedeutung sind. Der Ansatz fördert auch den konstruktiven Austausch mit Behörden, lokalen Einrichtungen und Aktivisten.[138] Jedoch macht ein Unternehmen, dass CSR als Mittel ansieht, um den Ansprüchen verschiedener Interessensgruppen gerecht zu werden, häufig die Erfahrung, dass dies zu einer Reihe kurzfristiger Verteidigungsmaßnahmen mit minimalem Wert für die Gesellschaft und keinem strategischen Nutzen für das Unternehmen führt.[139]

Viele Unternehmen rechtfertigen ihre CSR-Initiativen mit dem Argument, sie würden auf diese Weise ihre *Reputation* verbessern, ihre Marke stärken und sogar den Wert ihrer Aktien steigern.[140] Auch dies hat zu einem stärkeren Bewusstsein in diesem Bereich geführt. Das Reputationsziel liefert jedoch alleine keine ausreichende Anleitung für die tägliche Entschei-

[136] Vgl. WCED (1987), S. 8.
[137] Vgl. Porter/Kramer (2006), S. 82.
[138] Vgl. Fombrun/Gardberg/Barnett (2000), S. 85 ff.
[139] Vgl. Porter/Kramer (2006), S. 82.
[140] Vgl. Fombrun (1997), S. 27 ff.; Waddock (2000), S. 323 ff.

dungsfindung von Managern. In kundenorientierten Unternehmen führt die Sorge um den guten Ruf oft zu groß angelegten Marketingkampagnen. In Branchen, die mitunter stigmatisiert werden, wie die Chemie- und Energieindustrie, versuchen einige Unternehmen wiederum, sich durch soziales Engagement für die Zukunft abzusichern.[141] Ihr Ruf als soziales Unternehmen soll die öffentliche Kritik in Krisenzeiten abmildern.[142] Doch Öffentlichkeitsarbeit allein schafft noch keinen gesellschaftlichen und wirtschaftlichen Nutzen. Da die Ergebnisse dieser Investitionen nicht messbar sind, stehen derartige CSR-Programme auf wackligen Beinen, wobei zudem die Gefahr, dass sie bei einem Managementwechsel oder einem Konjunkturabschwung abgeschafft werden, groß ist.[143]

	Wohlfahrtsgewinn	**Wohlfahrtsverlust**
Steigert Unternehmensgewinn	*Good Management* • Gutes Management • Strategische CSR	*Pernicious CSR* • Schädliche CSR • Vorgetäuschte CSR
Reduziert Unternehmensgewinn	*Borrowed virtue* • Geliehene Wohltätigkeit	*Delusional CSR* • Wahnhafte CSR

Abbildung 2: Mögliche Wirkungen von CSR[144]

Allen vier Denkansätzen ist laut *Porter/Kramer* (2006) eine Schwäche gemein: Sie basieren darauf, einen Gegensatz zwischen Wirtschaft und Gesellschaft zu konstruieren, anstatt Zusammenhänge aufzuzeigen. Es wird auf eine allgemeine Art argumentiert, ohne zur Strategie oder dem Geschäft eines bestimmten Unternehmens oder den Regionen, in denen es tätig ist, einen Zusammenhang herzustellen. Folglich helfen die Ansätze einem Unternehmen nicht dabei, jene gesellschaftlichen Themen zu finden und jenen Problemen Priorität einzuräumen, die für sie am wichtigsten sind oder bei denen sie am effektivsten helfen können. Darüber hinaus

[141] Vgl. Porter/Kramer (2006), S. 82.
[142] Vgl. Baron (2001), S. 8.
[143] Vgl. Habisch (2003), S. 200; Porter/Kramer (2006), S. 83.
[144] Eigene Darstellung in Anlehnung an The Economist (2005a).

sind CSR-Praktiken und -Aktivitäten intern häufig von den Geschäftsbereichen abgekoppelt. Nach außen verschwimmt das gesellschaftliche Engagement des Unternehmens damit häufig angesichts zahlreicher isolierter Bemühungen, die jeweils auf unterschiedliche Interessengruppen oder Brennpunkte abzielen. Aufgrund dieser Zersplitterung wird das Potenzial der Unternehmen in dieser Hinsicht vergeudet, weshalb der Nutzen für das eigene Geschäft durch soziales Engagement ebenfalls ausbleibt.[145] *Abbildung 2* zeigt die möglichen Auswirkungen von CSR auf Gesellschaft und Unternehmen.

2.1.4 Literaturüberblick und Forschungsstand zur CSR

Grundsätzlich lassen sich die US-amerikanisch geprägte, verstärkt anwendungsbezogene CSR-Forschung und die eher normativ-philosophisch geprägte Unternehmensethik im deutschsprachigen Raum unterscheiden.[146] Eine weitere Unterscheidung lässt sich hinsichtlich des Argumentationspfades treffen: *Scherer* (2003) spricht von entweder ökonomischen oder ethischen Begründungen von Unternehmensverantwortung.[147] Im ersten Fall wird CSR von einigen Forschern aus der Perspektive einer „win-win-Situation“[148] betrachtet, ist also für das Unternehmensergebnis zumindest langfristig von Vorteil und stellt damit einen integrativen Bestandteil des strategischen Managements in Form einer „Corporate Social Responsiveness“ bzw. eines aktiven Stakeholder-Managements dar.[149] Im zweiten Fall ist die Begründung für eine Beschäftigung mit CSR aus Sicht vieler Ökonomen problematischer, da CSR als ethische Verpflichtung der Unternehmen angesehen wird[150] bzw. auf philosophischen Normen- und moralischen Wertfindungsprozessen basiert.[151] Dies würde bedeuten, dass die Vorrangstellung der Aktionäre zugunsten eines erweiterten Interessenausgleichs aller Stakeholder aufgegeben werden sollte, jedoch keine unmittelbar nachweisbaren einzelwirtschaftlichen Vorteile mit sich bringen. CSR-Maßnahmen dienen in diesem Fall dem Erhalt der sog. „licence to operate“ und stellen eine Maßnahme zur Risikominimierung und Erzeugung eines Goodwills in der Bevölkerung dar.[152]

---

[145] Vgl. Porter/Kramer (2006), S. 83.
[146] Vgl. Palazzo (2000), S. 103; Beschorner et al. (2005), S. 11.
[147] Vgl. Scherer (2003), S. 359.
[148] Unter einer „win-win-Situation wird der wechselseitige Vorteil für das Unternehmen und den Kooperationspartnern bzw. den Rest der Gesellschaft verstanden.
[149] Vgl. Schwerk (2007), S. 19.
[150] Vgl. Dunfee (1999), S. 3.
[151] Vgl. Donaldson/Preston (1995), S. 65 ff.
[152] Vgl. Schwerk (2007), S. 19.

Erste Definitionsversuche	
Bowen (1953)	Social Responsibility of Businessman „*It refers to the obligations of businessman to pursue those policies, to make those decisions or to follow those lines of action which are desireable in terms of the objectives and values of our society*".[153]
Davis (1960) McGuire (1963)	Davis hält CSR für ein unklares und verschwommenes Konzept, glaubt jedoch, dass es den Unternehmen langfristig Vorteile bringen kann. McGuire: „*The idea of social responsibility supposes that the corporation has not only economic and legal obligations but also certain responsibilities to society which extend beyond these obligations*".[154]
Kritische Stimmen, Corporate Social Responsiveness und weitere Präzisierung der Definition	
Friedman (1970) Davis (1973)	Friedman sieht die einzig soziale Aufgabe der Wirtschaft darin ihre Gewinne zu erhöhen. Davis entgegnet dem mit einem Zitat von Samuelson „*...a large corporation these days not only may engage in social responsibility, it had damn well better try to do so*".[155]
Frederick (1978)	Frederick entfernt sich von der konzeptionellen Auseinandersetzung mit CSR und betont die praktischen Aktivitäten der Unternehmen. Corporate Social Responsiveness „*...the capacity of a corporation to respond to social pressures*".[156]
Corporate Social Performance und Stakeholder-Ansatz	
Carroll (1979) Wartick/Cochran (1985) Wood (1991) Swanson (1995)	Dreidimensionales „Corporate Social Performance"-Modell (responsibility, responsiveness und social issues). „*...the social responsibility of business encompasses the economic, legal, ethical and discretionary expectations that a society has of organizations at a given point in time*".[157] Wartick/Cochran erweitern dies durch Integration von responsibility, responsiveness und social issues/performance in die drei Dimensionen „principles"(philosophische Orientierung), „processes" (öffentliche Orientierung) und „policies" (organisationale Orientierung). Wood verbindet die Verantwortungskategorien mit Analyseebenen „*... a business organization's configuration of principles of social responsibility, processes of social responsiveness, and policies, programs, and observable outcomes as they relate to the firm's societal relationships*".[158] Swanson unterscheidet vier Modellelemente: „Macro-principles, micro-principles of CSR, corporate culture, social impacts."
Freeman (1984)	Stakeholder-Ansatz
Donaldson/Preston (1995) Mitchell/Agle/Wood (1997)	Drei Kategorien der Stakeholder Theorie („descriptive/empirical, instrumental, normative"). Stakeholder-Typologie (schlafende, latente, fordernde, dominante, gefährliche, abhängige und definitive Stakeholder).
Theoretische Integration, Praxisbezug und empirische Forschung, CSR im strategischen Management	
Epstein (1987, 1989)	Corporate Social Policy Process
Carroll (1991)	„Pyramidenmodell" zur Definition von CSR
Donaldson/Dunfee (1994)	Integrative Social Contract Theory
Strategische CSR	
Diverse Beiträge	Porter/Kramer (2002); Googins (2002); Prahalad/Hammond (2002); Zadek (2004); Mirvis/Googins (2006); Porter/Kramer (2006)

Tabelle 2: Überblick der englischsprachigen CSR-Literatur[159]

[153] Bowen (1953), S. 6.
[154] McGuire (1963), S. 144.
[155] Samuelson (1971), S. 24.
[156] Frederick (1978), S. 6.
[157] Carroll (1979), S. 500.
[158] Wood (1991), S. 693.
[159] Eigene Darstellung in Anlehnung an Schwerk (2007), S. 20 f.

Hansen und *Schrader* (2005) sprechen bei der Erzeugung eines wirtschafts- und unternehmensfreundlichen Klimas von einem überbetrieblichen Effekt, der als Kollektivgut bezeichnet werden kann, da kein Unternehmen von dessen Nutzung ausgeschlossen werden kann.[160] Die *Tabelle 2* zeigt einige Meilensteine der Entwicklung der englischsprachigen CSR-Literatur.

Bowen wird häufig als Begründer der englischsprachigen CSR-Forschung bezeichnet.[161] Er lieferte 1953 die erste grundlegende CSR-Definition, wonach ein Geschäftsmann verantwortlich handelt, wenn er sich an die Verpflichtungen und Normen der Gesellschaft hält.[162] *McGuire* (1963) definierte die Verantwortung von Unternehmen spezifischer, indem er betonte, dass die Verantwortung von Unternehmen über rechtliche und ökonomische Verpflichtungen hinausgehen sollte.[163] *Frederick* (1978) legte mit dem Begriff *„Responsiveness"* erstmals ein stärkeres Gewicht auf die aktive Verantwortungsübernahme von Unternehmen.[164] In dem Modell der „Corporate Social Performance" von *Carroll* (1979) werden erstmalig die Erwartungen der Gesellschaft („responsibility") mit konkreten Maßnahmen und Prozessen zur Erwartungserfüllung („responsiveness") und die Resultate der unternehmerischen Aktivitäten verknüpft.[165] In den Arbeiten von *Wartick/Cochran* (1985), *Wood* (1991), *Carroll* (1996) und *Swanson* (1995) wurde das CSP-Modell weiterentwickelt und konkretisiert. Das so genannte „Pyramidenmodell" von *Carroll* (1991) unterteilt die Verantwortung eines Unternehmens in vier Bereiche: Das Unternehmen soll Güter und Dienstleistungen produzieren und dabei profitabel wirtschaften. Diesbezüglich hat es die gesetzlich verankerten Rahmenbestimmungen einzuhalten. Die ethische Verantwortung betrifft, über gesetzlich verankerte Regelungen hinausgehend, das Einhalten von gesellschaftlich implizit erwarteten Normen. Die philanthropische Verantwortung manifestiert sich in freiwilligen Aktivitäten des Unternehmens.[166] Nach *Wood* (1991) bringt die Aufteilung der Prinzipien Legitimität, öffentliche Verantwortung und individueller Spielraum der Manager auf drei Analyseebenen (Institution, Organisation und Individuum) Klarheit in die Debatte über Social Responsibility und unterstreicht, dass die Prinzipien menschliches und institutionelles Handeln motivieren.[167]

[160] Vgl. Hansen/Schrader (2005), S. 387.
[161] Vgl. Carroll (1999), S. 291.
[162] Vgl. Bowen (1953), S. 6.
[163] Vgl. McGuire (1963), S. 144.
[164] Vgl. Frederick (1978), S. 6.
[165] Vgl. Scherer (2003), S. 361.
[166] Vgl. Carroll (1991), S. 40 ff.
[167] Vgl. Wood (1991), S. 713.

In den achtziger Jahren gab *Freeman* (1984) der CSR-Diskussion durch seine stakeholderorientierte Perspektive einen neuen Impuls. Stakeholder werden dabei als jede Gruppe oder jedes Individuum definiert, die das Unternehmensziel beeinflussen oder von dem Unternehmensziel beeinflusst werden.[168] Der Stakeholder-Ansatz bildete die Basis für eine Reihe wieterer Veröffentlichungen. Die bekanntesten sind die Systematik von *Donaldson/Preston* (1995) und die Stakeholdertypologie von *Mitchell/Agle/Wood* (1997).[169] Auch das Modell des „gesellschaftspolitischen Prozesses“ (Corporate Social Policy Process) von *Epstein* (1989) basiert auf dem Stakeholder-Ansatz. Es versucht die Frage nach der staatsbürgerlichen Verantwortung des Unternehmens durch verschiedene Verhaltensrichtlinien („Policy“) und das formale System zum Aufbau und der Implementierung der Bewertung der Richtlinien („Process“) zu beleuchten.[170] Schließlich haben *Donaldson/Dunfee* (1994) auf Basis der Integration von empirischen Erkenntnissen und normativer Forschung ihre integrative soziale Vertragstheorie entwickelt. Sie kritisieren an bisherigen Ansätzen, wie beispielsweise dem Stakeholder-Ansatz, moralisch-wertorientierten deontologischen Denkrichtungen und utilitaristischen Entwürfen die Vernachlässigung von geteilten ethischen Annahmen in Abhängigkeit von Kontextbedingungen wie Kultur und Industrie. In ihrem Ansatz werden zwei soziale Vertragsebenen unterschieden: Die Makro- und die Mikrovertragsebene.[171]

Die zunehmende Relevanz von CSR ist auch in der englischsprachigen Managementliteratur zu beobachten. So begründen *Porter/Kramer* (2002) in einem Aufsatz Wettbewerbsvorteile durch strategische Wohltätigkeit.[172] Damit wird die Relevanz von strategisch ausgerichteter CSR deutlich, die auch im Weiteren im Mittelpunkt des Interesses steht. In Abschnitt 2.2 erfolgt daher eine nähere Erläuterung von strategischer CSR.

2.2 Strategische Ausrichtung von CSR

2.2.1 Integration von Gesellschaft und Unternehmen

Von den 250 größten internationalen Konzernen haben 64 Prozent im Jahr 2005 CSR-Berichte veröffentlicht, entweder innerhalb ihres Geschäftsberichts oder in separaten Nachhaltig-

[168] Vgl. Freeman (1984), S. 52.
[169] Für einen Überblick über die verschiedenen Facetten des Stakeholder-Ansatzes vgl. Jonker/Foster (2002).
[170] Vgl. Epstein (1989), S. 583 ff.
[171] Vgl. Donaldson/Dunfee (1994), S. 277; Schwerk (2007), S. 23.
[172] Vgl. Porter/Kramer (2002), S. 57 ff.

keitsberichten. Diese Veröffentlichungen lassen aber selten einen schlüssigen Rahmen für die CSR-Aktivitäten der Unternehmen und eine Einbettung der Maßnahmen in die strategischen Ziele erkennen. Stattdessen werden eine Reihe unzusammenhängender Initiativen aufgelistet, um zu demonstrieren, wie wichtig dem Unternehmen seine soziale Verantwortung ist. Wohltätigkeit wird in der Regel mit Geldbeträgen oder ehrenamtlich aufgewendeter Zeit beziffert, jedoch wird selten belegt, welche Verbesserungen damit erreicht wurden. Aussagen über zukünftig anzustrebende Ziele sind noch seltener.[173]

Der Begriff „Strategische CSR“ wird allgemein bezeichnet als eine gewinnmaximierende Strategie, die zugleich als gesellschaftlich verantwortlich angesehen werden kann.[174] Ein Unternehmen muss dabei die soziale Perspektive in die für die Planung angewendeten Modelle integrieren, mit denen es die Wettbewerbssituation analysiert und die Geschäftsstrategie festlegt.[175] Folglich wählen bei strategischer CSR Unternehmen förderungswürdige Themen aus, die für ihr spezielles Geschäft von Bedeutung sind und zu ihrer Strategie passen.[176] Für das einzelne Unternehmen nicht relevante gesellschaftliche Themen werden Unternehmen in anderen Branchen, NGOs oder Regierungseinrichtungen überlassen. Die gewählten CSR-Initiativen sollten dabei von bedeutendem Nutzen sowohl für die Gesellschaft als auch für das Unternehmen sein.[177] Denn eine Reduzierung des Gewinns, und somit auch des Marktwerts, eines Unternehmens durch CSR-Maßnahmen kann zu harten Konsequenzen wie die Entlassung des Managements durch die Aktionäre[178] oder die Übernahme des Unternehmens durch einen Konkurrenten führen.[179]

Den Überlegungen von *Porter/Kramer* (2006) zu Folge lassen sich die gesellschaftlichen und Unternehmen betreffenden Themen in drei Kategorien einteilen: Der ersten Gruppe können allgemeine soziale Themen zugerechnet werden, die zwar für die Gesellschaft von Bedeutung sind, aber keine erheblichen Berührungspunkte mit den Tätigkeiten des Unternehmens aufweisen und auch keinen Einfluss auf die langfristige Wettbewerbsfähigkeit haben. Die zweite Kategorie beschreibt soziale Themen innerhalb der Wertschöpfungskette. Dabei handelt es

[173] Vgl. Porter/Kramer (2006), S. 81.
[174] Vgl. Baron (2001), S. 17.
[175] Vgl. Porter/Kramer (2006), S. 84.
[176] Vgl. Porter/Reinhardt (2007), S. 22.
[177] Vgl. Porter/Kramer (2006), S. 84 f.
[178] Vgl. Friedman (1970), S. 122.
[179] Vgl. Baron (2001), S. 8; Friedman (2005).

sich um soziale Belange, die im Rahmen der normalen Geschäftstätigkeit tangiert werden. Schließlich ergeben sich drittens soziale Themen im Wettbewerbsumfeld, die die grundlegenden Wettbewerbsfaktoren an den Standorten eines Unternehmens beeinflussen.[180] Strategische CSR hilft einem Unternehmen dabei, sich eine einzigartige Position zu verschaffen und somit die Kosten zu senken oder spezifische Kundenbedürfnisse besser zu bedienen. Diese Strategien können sowohl auf die Beziehung eines Unternehmens zur Gesellschaft als auch auf seine Beziehung zu Wettbewerbern und Kunden angewendet werden.

Strategische CSR umfasst dabei eine Reihe kleinerer Initiativen, deren gesellschaftlicher und wirtschaftlicher Nutzen bedeutend und unverwechselbar ist. Bei Unternehmen, die CSR in dieser Form betreiben, offenbaren soziale Themen gleichzeitig neue Geschäftschancen und Ansatzpunkte für mögliche Innovationen.[181] Strategische CSR umfasst diesbezüglich die folgenden zwei Dimensionen: Unternehmen können erstens ermitteln, an welcher Stelle entlang der Wertschöpfungskette Innovationen möglich sind, um sowohl der Gesellschaft gute Dienste zu leisten als auch die eigene Wettbewerbsfähigkeit zu stärken. Zweitens können Unternehmen in einer Weise investieren, die ihr Wettbewerbsumfeld stärkt und zugleich größere Produktivität freisetzt.[182] Je enger ein gesellschaftliches Thema mit der Tätigkeit des Unternehmens verbunden ist, umso größer ist in der Regel die Gelegenheit, die Fähigkeiten des Unternehmens wirksam einzusetzen.[183] Gleichzeitig haben Investitionen in das Wettbewerbsumfeld das Potenzial, Einschränkungen der Wertschöpfungsaktivitäten eines Unternehmens zu verringern. Auf diese Weise kann die Effektivität des sozialen Engagements gesteigert werden. Sind Praktiken in der Wertschöpfungskette und Investitionen in das Wettbewerbsumfeld gut integriert, sind CSR-Maßnahmen schwer von den alltäglichen Geschäften zu unterscheiden.[184] Im Gegensatz zu den meisten Engagements sind strategisch ausgerichtete CSR-Programme folglich sehr viel selektiver. Unternehmen, die gezielte aktive und integrierte Initiativen für die Gesellschaft betreiben, die zugleich mit ihren Kernstrategien abgestimmt sind, können sich von ihren Wettbewerbern deutlich abheben.[185]

[180] Vgl. Porter/Kramer (2006), S. 84 f.
[181] Vgl. Porter/Kramer (2006), S. 88.
[182] Vgl. Porter/Kramer (2006), S. 88.
[183] Vgl. Friedman (1970), S. 122; Porter/Kramer (2006), S. 89.
[184] Vgl. Porter/Kramer (2006), S. 89.
[185] Vgl. Sen/Bhattacharya (2001), S. 238; Porter/Kramer (2006), S. 92.

Eine Betrachtung von Spenden zeigt, dass sich diese teilweise von strategischer CSR deutlich unterscheiden. Sie dienen häufig als eine Form von Public Relations, um das Firmenimage oder die Marke durch geschäftsbezogenes Sponsoring (CRM) zu fördern. Das Tabakunternehmen Philip Morris z. B. gab im Jahr 1999 75 Mio. Dollar für Spenden aus; und 100 Mio. Dollar, um dies in einer Werbekampagne publik zu machen.[186] *Friedman* kritisierte bereits 1970 in einem Artikel des „New York Times Magazine" Wohltätigkeit der Unternehmen und schrieb, dass die einzige soziale Verantwortung der Wirtschaft darin bestehe, ihre Gewinne zu erhöhen.[187] Soziale Beiträge müssten allenfalls die einzelnen Anteilseigner oder – im weiteren Sinne – die einzelnen Beschäftigten leisten, aber nicht die Unternehmen.[188] Darüber hinaus ist die Mehrheit der Spendenprogramme der Unternehmen diffus und nicht zielgerichtet. Die meisten bestehen aus vielen kleinen Geldzuwendungen für lokale Anliegen oder sie unterstützen Hochschulen und nationale Hilfswerke in der Hoffnung, Sympathien bei den Mitarbeitern, den Kunden und der Bevölkerung am Firmenstandort zu gewinnen.[189] *Friedmans* Argument beruht auf zwei impliziten Annahmen: Erstens sind soziale und wirtschaftliche Ziele widersprüchlich, weshalb Ausgaben eines Unternehmens für soziale Zwecke auf Kosten ökonomischer Ergebnisse getätigt werden. Zweitens schaffen Firmen mit ihrem sozialen Engagement keinen größeren Nutzen als private Spender. Gemäß den Ausführungen zu strategischer CSR können aber auch Spenden dieser zugeordnet werden, wenn sie koordiniert durchgeführt werden oder aber soziale und wirtschaftliche Ziele in Einklang gebracht werden können.[190] Darüber hinaus kann eine Firma wohltätige Initiativen nicht nur mit Geld, sondern auch mit ihren Fähigkeiten und ihren Beziehungen unterstützen. Dies schafft dann einen gesellschaftlichen Nutzen, der über den Effekt privater Spenden oder staatlicher Inititativen hinausgehen kann.

So hat zum Beispiel Cisco Systems in ein Bildungsprogramm investiert, mit dem Zweck Netzwerkadministratoren auszubilden (Cisco Networking Academy). Damit begegnet der Konzern einem potenziellen Wachstumshemmnis, gleichzeitig bietet er Schülern attraktive Beschäftigungschancen.[191] Das Unternehmen operiert damit nicht isoliert von der Gesell-

---

[186] Vgl. Varadarajan/Menon (1988), S. 69; Porter/Kramer (2002), S. 57.
[187] Vgl. Friedman (1970), S. 32.
[188] Vgl. Friedman (1970), S. 33 f.
[189] Vgl. Porter/Kramer (2002), S. 58.
[190] Vgl. Friedman (1970), S. 122.
[191] Vgl. Porter/Kramer (2002), S. 58 f.

schaft, sondern begreift die Abhängigkeit der eigenen Wettbewerbsfähigkeit von den Bedingungen an einzelnen Geschäftsstandorten. Je enger eine soziale Verbesserung mit dem Geschäft einer Firma verbunden ist, desto förderlicher ist sie auch für ihren wirtschaftlichen Erfolg.[192] Allgemein kann des Weiteren davon ausgegangen werden, dass ein Unternehmen, das die sozialen und wirtschaftlichen Bedingungen in Entwicklungsländern verbessert, somit auch produktivere Standorte und neue Märkte für ihre Produkte schafft.[193] Außerdem verbessern sie ihre Verhandlungsposition mit Staaten, wenn es bspw. um Rohstofflizenzen oder ähnliches geht.[194] Damit werden bei strategischer CSR die Interessen der Anteilseigner implizit gewahrt, da die Wohltätigkeit sowohl soziale als auch wirtschaftliche Vorteile schafft.[195] *Abbildung 3* zeigt den Bereich, in dem Wohltätigkeit als strategisch zu bezeichnen ist und einen bedeutenden Einfluss auf das Wettbewerbsumfeld eines Unternehmens hat.

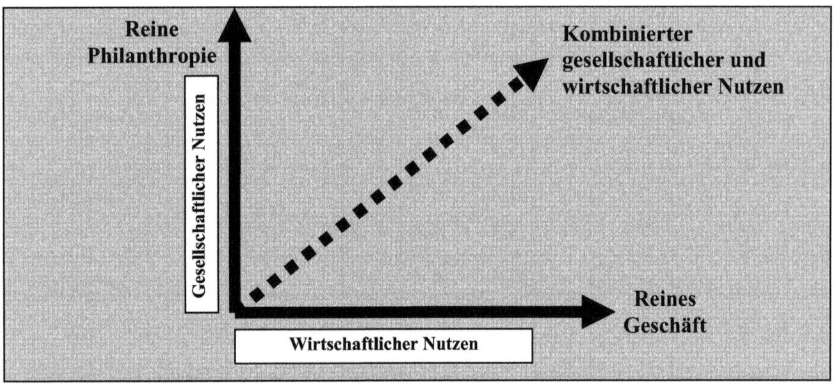

Abbildung 3: Strategisches gesellschaftliches Engagement von Unternehmen[196]

2.2.2 Soziales Engagement entlang der Wertschöpfungskette

Jedes Unternehmen ist eine Ansammlung von Tätigkeiten, durch die sein Produkt entworfen, hergestellt, vertrieben, ausgeliefert und unterstützt wird. All diese Tätigkeiten lassen sich in einer Wertschöpfungskette darstellen, die in *Abbildung 4* zum Ausdruck kommt. In der Wert-

[192] Vgl. Becker-Olsen/Cudmore/Hill (2006), S. 47 ff.
[193] Vgl. Porter/Kramer (2002), S. 59.
[194] Vgl. Heal (2005), S. 395.
[195] Vgl. Friedman (2005).
[196] Eigene Darstellung in Anlehnung an Porter (2002), S. 59.

schöpfungskette eines Unternehmens und seiner Art einzelne Tätigkeiten zu erledigen, spiegeln sich seine Geschichte, seine Strategie, seine Methoden zur Implementierung dieser Strategie und die wirtschaftlichen Grundregeln der Tätigkeiten selbst wider.[197] In dieser für jedes Unternehmen spezifischen Wertschöpfungskette können zahlreiche Chancen aufgetan werden, wie in der Gesellschaft Verantwortung übernommen und gleichzeitig der eigene Wettbewerbsvorteil ausgebaut werden kann.[198]

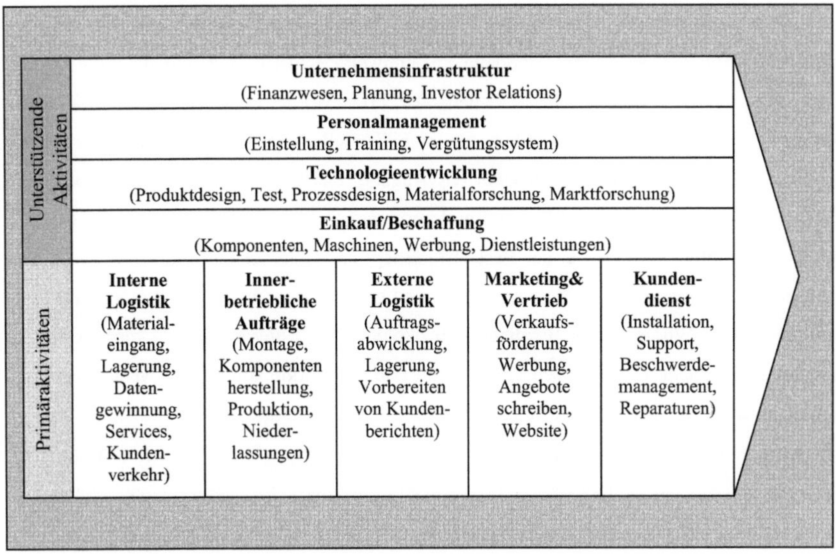

Abbildung 4: Wertschöpfungskette von Unternehmen[199]

Viele Aspekte des Produktangebots oder der Wertschöpfungskette können die Basis für strategische CSR werden. Wertaktivitäten lassen sich in zwei allgemeine Typen, in primäre und unterstützende Aktivitäten, unterteilen. Primäre Aktivitäten, die in *Abbildung 5* im unteren Teil aufgezählt werden, befassen sich mit der physischen Herstellung des Produkts und dessen Verkauf und Übermittlung an den Abnehmer sowie mit dem Kundendienst. Unterstützende Aktivitäten halten die primären Aktivitäten unter sich selbst gegenseitig dadurch aufrecht, dass sie für den Kauf von Inputs, Technologie, menschlichen Ressourcen und von verschiede-

[197] Vgl. Porter (1989), S. 63.
[198] Vgl. Porter/Kramer (2006), S. 86.
[199] Eigene Darstellung in Anlehnung an Porter (1989), S. 62 ff.

nen Funktionen für das ganze Unternehmen sorgen.[200] Bei jeder Strategie geht es darum, eine einzigartige und langfristige Wettbewerbsposition durch eine spezifische Ausgestaltung der Wertkettenaktivitäten zu erhalten. Hintergrund ist eine differenzierte Befriedigung der Kundenbedürfnisse, zu der die Wettbewerber nicht in der Lage sind. CSR-Maßnahmen können dabei zu einem elementaren Bestandteil der Unternehmensstrategie werden.

Toyotas Reaktion auf Sorgen der Kunden über die Abgase von Fahrzeugen kann hier als Beispiel angeführt werden. Das Modell Prius mit Hybridantrieb[201] ist das erste Fahrzeug in einer Reihe innovativer Fahrzeugmodelle, die umweltfreundlich sind und dadurch Toyota einen Wettbewerbsvorteil verschafft haben. Der Prius wurde 2004 zum Auto des Jahres gewählt[202] und brachte Ford und andere Automobilhersteller dazu, die Technologie in Lizenz zu übernehmen.[203] Darüber hinaus kann das Angebot des Unternehmens Whole Foods als Beispiel fungieren, das aus dem Verkauf biologisch angebauter, natürlicher und gesunder Lebensmittelprodukte besteht. Bei der Beschaffung legt das Unternehmen großen Wert auf die Kooperation mit lokalen Bauern. Jeder Supermarkt bezieht seine Waren somit von individuellen Zulieferern. Whole Foods Bemühen, ein ökologisches Unternehmen zu repräsentieren, umfasst jedoch nicht nur die Beschaffung. Beim Bau der Märkte kommen so wenig wie möglich nicht nachwachsende Rohstoffe zum Einsatz. Außerdem kaufte das Unternehmen Kontingente erneuerbarer Windenergie, die 100 Prozent des Strombedarfs in all seinen Märkten und Anlagen decken. Nahezu an jedem Punkt der Wertschöpfungskette setzt das Unternehmen mit ihrem gesellschaftlichen Engagement an, um sich von seinen Mitbewerbern abzuheben.[204] Im Folgenden werden die einzelnen Wertaktivitäten detaillierter beschrieben und Beispiele für mögliche strategische, an den Wertkettenbestandteilen ansetzende CSR-Maßnahmen genannt. Mit der *Beschaffung* ist die Funktion des Einkaufs der in der Wertschöpfungskette des Unternehmens verwendeten Inputs gemeint. Zu den gekauften Inputs gehören Rohstoffe, Hilfs- und Betriebsstoffe und andere Verbrauchswaren sowie Anlagegüter wie Maschinen, Laborausrüstung, Büroeinrichtung und Gebäude.[205]

---

[200] Vgl. Porter (1989), S. 65.
[201] Ein Hybridantrieb verbindet einen Benzinmotor mit einem Elektromotor und verringert dadurch den Kraftstoffverbrauch und die Kohlendioxidemission.
[202] Vgl. Motor Trend Magazine (2004).
[203] Vgl. Porter/Kramer (2006), S. 88 f.
[204] Vgl. Porter/Kramer (2006), S. 89 ff.
[205] Vgl. Porter (1989), S. 68.

Im Sinne von CSR-Aktivitäten kann ein Unternehmen in folgender Weise operieren:

- Faire Praktiken im Einkauf und in der Lieferkette (Bestechung und Kinderarbeit vermeiden, Lieferanten faire Preise zahlen).
- Bestimmte Materialien beim Einkauf meiden (etwa Pelze).
- Natürliche Ressourcen schonen.[206]

Jede Wertaktivität ist an *Technologie* gebunden, ob an Know-how, an Arbeitsabläufe oder an verfahrenstechnische Ausrüstung. In den meisten Unternehmen wird eine sehr breite Palette von Technologien eingesetzt, die von der Dokumentenausfertigung und vom Gütertransport bis zu im Produkt selbst verkörperten Technologien reicht.[207] So sind bei folgenden Aspekten Schnittstellen zu CSR ersichtlich:

- Beziehungen zu Universitäten pflegen.
- Ethische Forschungspraktiken (z. B. Verzicht auf Tierversuche, Genveränderungen).
- Produktsicherheit.
- Rohstoffe sparsam einsetzen.
- Recycling.[208]

Zum *Personalmanagement* gehören Tätigkeiten wie Rekrutierung, Einstellung, Aus- und Fortbildung und Entschädigung jedweder Art von Personal. Das Personalmanagement hat in jedem Unternehmen großen Einfluss auf Kenntnisstand und Motivation der Mitarbeiter, auf die Einstellungs- und Ausbildungskosten und damit auch auf den Wettbewerbsvorteil.[209]

- Aus- und Weiterbildung.
- Sichere Arbeitsbedingungen.
- Keine Diskriminierung, Diversität gewährleisten.
- Gesundheitsfürsorge und andere Sozialleistungen, Vergütungspolitik.
- Umgang mit Entlassungen.[210]

[206] Vgl. Porter/Kramer (2006), S. 86.
[207] Vgl. Porter (1989), S. 69.
[208] Vgl. Porter/Kramer (2006), S. 86.
[209] Vgl. Porter (1989), S. 70.
[210] Vgl. Porter/Kramer (2006), S. 86.

Die *Unternehmensinfrastruktur* besteht aus einer Reihe von Aktivitäten, wozu die Gesamtgeschäftsführung, Planung, Finanzen, Rechnungswesen, Rechtsfragen, Kontakte zu Behörden und staatliche Stellen und Qualitätskontrollen gehören.[211] Ein sozial verantwortliches Unternehmen sollte diesbezüglich folgende Eigenschaften aufweisen:

- Saubere Finanzberichterstattung.
- Gute Corporate Governance.
- Transparenz.
- Lobbyismus.[212]

Die *interne Logistik* beinhaltet Tätigkeiten in Zusammenhang mit Empfang, Lagerung und Distribution von Betriebsmitteln für das Produkt, wie etwa Materialtransport im Betrieb, Lagerhaltung, Bestandskontrolle, Fahrzeugzuteilung und Rückgabe an Lieferanten.[213] Ein verantwortliches Unternehmen weist bspw. das folgende Charakteristikum auf:

- Negative Folgen durch Transporte verringern (etwa Emissionen, Staus, Straßen zum Holzfällen.[214]

Innerbetriebliche Abläufe sind Tätigkeiten in Zusammenhang mit der Umwandlung der Inputs in die endgültige Produktform, wie maschinelle Bearbeitung, Verpackung, Montage, Instandhaltung der Ausrüstung, Prüfverfahren, Drucken und Betrieb der Anlage.[215] Dabei ist das nachfolgende als relevant bezüglich sozialer Verantwortung anzusehen:

- Emissionen und Müll vermeiden.
- Artenvielfalt und Umwelt erhalten.
- Energie- und Wasserverbrauch senken.
- Arbeitssicherheit und industrielle Beziehungen verbessern.
- Gefährliche Materialien vermeiden.[216]

---

211 Vgl. Porter (1989), S. 70 f.
212 Vgl. Porter/Kramer (2006), S. 86.
213 Vgl. Porter (1989), S. 66.
214 Vgl. Porter/Kramer (2006), S. 86.
215 Vgl. Porter (1989), S. 66.
216 Vgl. Porter/Kramer (2006), S. 86.

Externe Logistik beinhaltet Aktivitäten in Zusammenhang mit der Sammlung, Lagerung und physischen Distribution des Produkts an die Abnehmer, wie Lagerung der Fertigwaren, Materialtransport, Einsatz der Auslieferungsfahrzeuge, Auftragsabwicklung und Terminplanung.[217] Als wichtige Kontaktpunkte zur Einhaltung einer verantwortungsvollen Rolle ist dabei anzusehen:

- Verpackungen und deren Beseitigung umweltfreundlich gestalten.
- Negative Folgen durch Transporte verringern.[218]

Das Wertschöpfungselement *Marketing und Vertrieb* steht für Tätigkeiten zur Bereitstellung von Mitteln, durch die die Abnehmer das Produkt kaufen oder zu dessen Kauf verleitet werden können, wie Werbung, Verkaufsförderung, Verkaufsaußendienst, Angebote, Wahl und Pflege der Vertriebswege und Preisfestsetzung.[219] Für die überzeugende Darstellung des Unternehmens als aufrichtiges Mitglied der Gesellschaft sind hier die folgenden Dinge von Relevanz:

- Marketing und Werbung (z. B. wahrheitsgetreue und verantwortliche Werbung).
- Preispolitik (keine Preisdiskriminierung bei verschiedenen Kunden, keine Preisabsprachen, Vergünstigungen für Einkommensschwache).
- Konsumenten umfassend informieren.
- Die Privatsphäre der Kunden respektieren.[220]

Der *Kundendienst* beinhaltet Tätigkeiten in Zusammenhang mit Dienstleistungen zur Förderung oder Werterhaltung des Produkts, wie beispielsweise Installation, Reparaturen, Ausbildung, Ersatzteillieferung und Produktanpassung.[221] Zu nennen sind diesbezüglich:

- Gebrauchte Produkte und Betriebsmittel fachgerecht entsorgen (Motorenöl, Tonerkartuschen).
- Privatsphäre der Kunden respektieren.[222]

---

217 Vgl. Porter (1989), S. 67.
218 Vgl. Porter/Kramer (2006), S. 86.
219 Vgl. Porter (1989), S. 67.
220 Vgl. Porter/Kramer (2006), S. 86.
221 Vgl. Porter (1989), S. 67.
222 Vgl. Porter/Kramer (2006), S. 86.

Nachdem in diesem Abschnitt relevante Aktivitäten für ein als sozial verantwortlich geltendes Unternehmen entlang der Wertkette angeführt wurden, stehen im nächsten Unterkapitel strategische CSR-Maßnahmen im Wettbewerbsumfeld des Unternehmens im Vordergrund.

2.2.3 Soziales Engagement im Wettbewerbsumfeld

Das Wettbewerbsumfeld eines Unternehmens besteht aus vier Elementen der lokalen Geschäftsumgebung, die untereinander in Wechselwirkung stehen und über die potenzielle Produktivität entscheiden: Die verfügbaren Produktionsfaktoren, die Nachfrage, das Umfeld für Strategie und Wettbewerb sowie die verwandten und unterstützenden Branchen. Schwäche in einem Teil dieses Umfelds kann die Wettbewerbsfähigkeit eines Landes oder einer Region als Firmenstandort untergraben.[223] *Abbildung 5* verdeutlicht die gesellschaftlichen Einflüsse im Wettbewerbsumfeld des Unternehmens.

Einige Aspekte des Geschäftsumfelds wie Straßennetze, Besteuerung und gesetzliche Rahmenbedingungen wirken sich dabei auf alle Branchen aus. Von großer Bedeutung sind solche Aspekte des Umfelds, die spezifisch für ein bestimmtes Cluster von Unternehmen sind.[224] Unter einem Cluster versteht man eine geografische Ansammlung von untereinander verbundenen Firmen, Zulieferern, verwandten Branchen und Fachinstitutionen in einem bestimmten Bereich, z. B. hochwertige Automobile in Deutschland oder Software in Indien. In einem Cluster können die Firmen produktiver sein, es erleichtert Innovationen und begünstigt die Gründung neuer Unternehmen.[225] Soziale Investitionen von Firmen eines Clusters können von großer Tragweite für die Wettbewerbsfähigkeit und die Leistung aller ihm angehörenden Unternehmen sein. Um sich eine lokale Basis hoch qualifizierter Arbeitnehmer heranzuziehen, kann es z. B. viel günstiger sein, eine Hochschule zu unterstützen, als eigene Traineeprogramme zu entwickeln. Außerdem haben Firmen dank der weit reichenden gesellschaftlichen Nutzeneffekte oft Aussicht auf Partnerschaften mit NGOs und Regierungen.[226]

[223] Vgl. Porter/Kramer (2002), S. 60.
[224] Vgl. Porter/Kramer (2002), S. 60.
[225] Vgl. Porter (2000), S. 254 f.
[226] Vgl. Porter/Kramer (2002), S. 61.

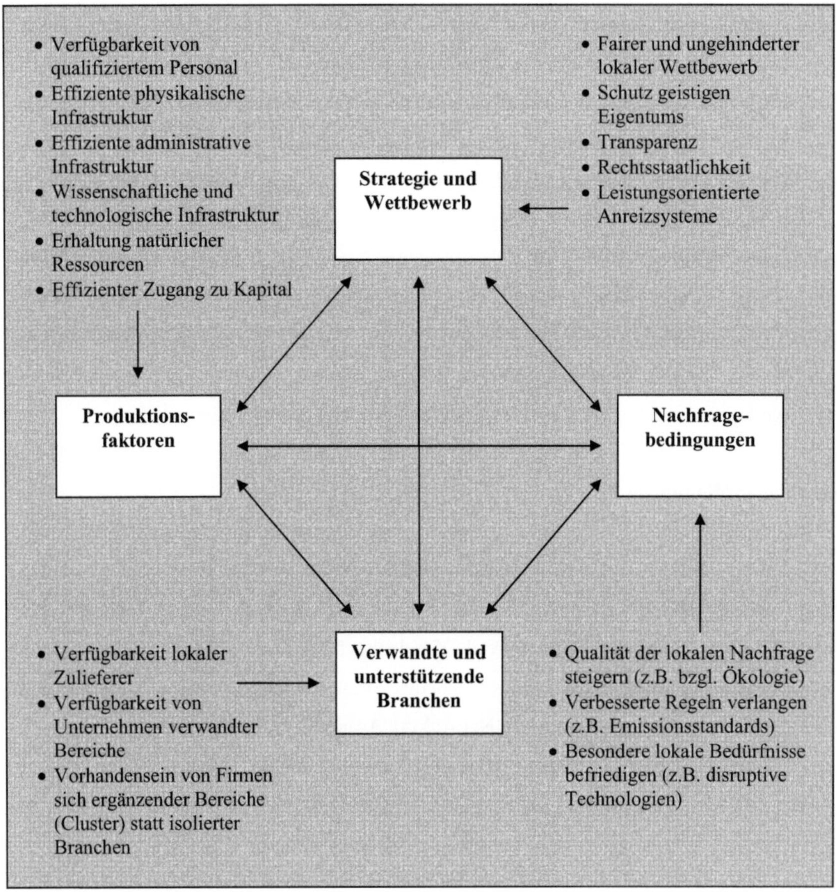

Abbildung 5: Gesellschaftliches Engagement im Wettbewerbsumfeld[227]

Im Folgenden werden die in *Abbildung 5* dargestellten gesellschaftlichen Einflüsse auf die Wettbewerbsfähigkeit des Unternehmens erläutert und einige strategische CSR-Maßnahmen im Wettbewerbsumfeld genannt.

Produktionsfaktoren

Hohe Produktivität erfordert qualifiziertes Personal, wissenschaftliche und technische Institutionen von hoher Qualität, eine angemessene Infrastruktur, transparente und effiziente Behör-

[227] Eigene Darstellung in Anlehnung an Porter/Kramer (2006), S. 87.

den und natürliche Ressourcen. Diese Bereiche lassen sich durch soziale Maßnahmen beeinflussen, wie z. B. die Förderung der Ausbildung. Während der soziale Nutzen eine bessere Ausbildung und somit bessere Beschäftigungschancen für einkommensschwache Bürger darstellt, ist der wirtschaftliche Nutzen dieser Maßnahme die größere Verfügbarkeit von fachspezifisch geschulten Absolventen. Darüber hinaus können gesellschaftliche Initiativen die Lebensqualität an einem Standort steigern. Dies kommt nicht nur den Einwohnern zugute, es wird immer mehr zur Voraussetzung dafür, mobile Arbeitnehmer mit spezialisierten Fähigkeiten an die Unternehmung zu binden. Gesellschaftliches Engagement kann auch die Qualität anderer Inputs steigern, etwa die lokaler Forschungs- und Entwicklungsorganisationen. Es kann örtliche Verwaltungsorganisationen effektiver machen, sowie die Qualität der Infrastruktur oder eine nachhaltige Erschließung natürlicher Ressourcen fördern.[228]

Nachfragebedingungen

Die Nachfragebedingungen in einem Land oder einer Region umfassen die Größe des heimischen Markts, angemessene Produktstandards und das Know-how der lokalen Firmenkunden. Anspruchsvolle Abnehmer steigern die Wettbewerbsfähigkeit der Region, weil sie ihren Zulieferern Informationen über aufkommende Kundenbedürfnisse geben und Innovationsdruck ausüben. Soziales Engagement kann sowohl die Größe als auch die Qualität des lokalen Marktes beeinflussen. So hat die Cisco Networking Academy die Nachfragebedingungen verbessert, indem sie Kunden half, gut ausgebildete Netzwerkadministratoren zu finden. Sie vergrößerte den Markt, steigerte die technischen Fähigkeiten der Anwender und somit deren Interesse an technisch ausgefeilten Lösungen. Apple verschenkt bspw. Computer an Schulen, um jungen Menschen seine Produkte nahe zu bringen. Der soziale Nutzen für die Schulen ist eindeutig, gleichzeitig erweitern die Spenden den potenziellen Markt von Apple und machen Schüler und Lehrer zu Konsumenten mit hohen technischen Ansprüchen. Das Versicherungs- und Finanzdienstleistungsunternehmen Safeco engagiert sich in einer Partnerschaft mit Nonprofit-Organisationen dafür, eine größere Menge bezahlbaren Wohnraums bereitzustellen und die öffentliche Sicherheit zu verbessern. In seinen vier Testmärkten nahmen Wohneigentum und öffentliche Sicherheit zu, zugleich stieg der Absatz von Versicherungen, in einigen Fällen um bis zu 40 Prozent.[229]

---

[228] Vgl. Friedman (1970), S. 122; Porter/Kramer (2002), S. 61.
[229] Vgl. Porter/Kramer (2002), S. 61.

Strategie und Wettbewerb

Regeln, Anreize und Normen, die den Wettbewerb in einem Land oder einer Region bestimmen, haben einen grundlegenden Einfluss auf die Produktivität. Regelungen, die Investitionen fördern, geistiges Eigentum schützen, lokale Märkte öffnen, Kartelle verhindern und die Korruption zurückdrängen, lassen einen Standort attraktiver für die Wirtschaft werden. Soziales Engagement kann einen bedeutenden Beitrag dazu leisten, ein produktiveres und transparenteres Wettbewerbsumfeld zu schaffen. Entwicklungsländer können hiervon profitieren, weil die Regeln einheimischen Firmen helfen und die Regionen attraktiver für Auslandsinvestitionen werden. Den institutionellen Anlegern nutzt die Finanzierung des Projekts ebenfalls, da sie in bessere und gerechtere Kapitalmärkte investieren können.[230]

Verwandte und unterstützende Branchen

Die Nähe verwandter und unterstützender Branchen und Dienstleister von hoher Qualität ist äußerst günstig für die Produktivität eines Unternehmens. Eine Zusammenarbeit mit weit entfernten Zulieferern ist zwar möglich, aber nicht in dem Maße effizient wie die mit kompetenten lokalen Anbietern. Geografische Nähe bedeutet nicht nur geringere Transport- und Lagerhaltungskosten, sie wirkt sich auch positiv auf die Reaktionszeiten, den Informationsaustausch und die Innovation aus. Gesellschaftliche Aktivitäten können die Entwicklung von Clustern fördern und die unterstützenden Branchen stärken.[231]

Im nachfolgenden Abschnitt wird das Attitude toward the Ad-Modell erläutert, das als Erklärung der Einstellungsbildungsbildung gegenüber Werbung und den Konsequenzen auf die Erläuterung der Wahrnehmung von Corporate Social Responsibility transferiert werden soll.

2.3 Attitude Toward the Ad-Modell als Grundlage eines Modells zur Wirkung von Corporate Social Responsibility

Der Aufsatz von *MacKenzie/Lutz* (1989) „*An Empirical Examination of the Structural Antecedents of Attitude Toward the Ad in an Advertising Pretesting Context*" und vor allem das dort präsentierte Modell dient in dieser Studie als konzeptionelle Grundlage. *MacKenzie/ Lutz/Belch* haben bereits 1983 die erste Version des „Attitude Toward the Ad" (Aad)-Modells

[230] Vgl. Friedman (1970), S. 122; Porter/Kramer (2002), S. 62.
[231] Vgl. Porter/Kramer (2002), S. 62.

vorgestellt, welches die grundlegenden Voraussetzungen der Einstellungs-bildung zur Werbung einbezieht.[232] Es wurde im Laufe der Zeit mehrfach überarbeitet und erweitert.[233]

MacKenzie/Lutz (1989) definieren in ihrer Studie Aad, also die Einstellung gegenüber einer Werbemaßnahme, als *„a predisposition to respond in a favorable or unfavorable manner to a particular advertising stimulus during a particular exposure occasion"*.[234] Diese Definition der Einstellung ist konsistent mit der Einstellungsdefinition von *Fishbein/Ajzen* (1975).[235] Das Aad-Modell von *MacKenzie/Lutz* (1989) bildet die Basis für die Analyse der Werbewirkung. Im Mittelpunkt des Ansatzes der Werbeforscher stehen die Glaubwürdigkeit der Werbung, die Wahrnehmung der Werbung, die Einstellung gegenüber dem Werbetreibenden, die Einstellung gegenüber Werbung generell und die Stimmung des Konsumenten. Diese Größen stehen in Beziehung zur Einstellung gegenüber der Werbemaßnahme.[236] Im Kern der Analyse stehen die Zusammenhänge zwischen der Einstellung gegenüber der Werbemaßnahme („attitude toward the ad"), der Einstellung hinsichtlich Marke und der Kaufabsicht. Dabei werden zudem die Konstrukte Einstellung gegenüber der Werbung, Glaubwürdigkeit der Werbemaßnahme und Glaubwürdigkeit des Werbenden betrachtet.[237] *Abbildung 6* zeigt das Aad-Modell von *MacKenzie/Lutz* (1989) in einer Übersicht.

Das Modell scheint generell zur Erklärung der Wirkung von CSR-Maßnahmen hilfreich, da sich Konstrukte und Beziehungen aus dem Werbe- auf den CSR-Kontext übertragen lassen. Möglich erscheint dies deshalb, da die Durchführung von CSR-Maßnahmen ähnlich der Werbemaßnahmen im Rahmen von Corporate Advertising bewusst oder unbewusst kommuniziert werden. Denn Marken im Sinne von Unternehmensmarken beziehen sich auch auf andere Stakeholder, wie Investoren und Mitarbeiter.[238] Da demnach bei CSR-Maßnahmen das Unternehmen sowohl der Werbende als auch der Beworbene ist, wird davon ausgegangen, dass sich die Einstellung hinsichtlich der Marke in die Einstellung gegenüber dem Unternehmen übertragen lassen.

[232] Vgl. Lutz/MacKenzie/Belch (1983), S. 532 ff.; Bongard (2002), S. 362.
[233] Vgl. Lutz (1985), S. 47 ff.; MacKenzie/Lutz (1989), S. 48 ff.
[234] MacKenzie/Lutz (1989), S. 49.
[235] Vgl. Fishbein/Ajzen (1975); MacKenzie/Lutz (1989), S. 49.
[236] Vgl. MacKenzie/Lutz (1989), S. 51 ff.
[237] Vgl. MacKenzie/Lutz (1989), S. 53 ff.
[238] Vgl. Hatch/Schultz (2003), S. 1045.

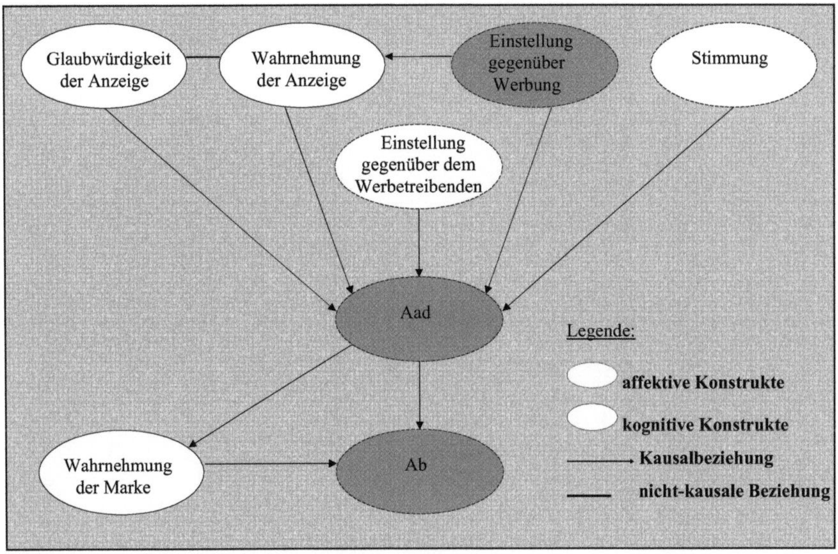

Abbildung 6: Kausalmodell von MacKenzie/Lutz (1989)[239]

Für die vorliegende Studie zur Untersuchung der Wirkung von strategischen CSR-Maßnahmen eines Unternehmens werden daher die markierten Konstrukte „Einstellung gegenüber Werbung generell", „Einstellung gegenüber der Werbung" (Aad) und „Einstellung zur Marke" (Ab) und ihre Beziehungen aus dem Kausalmodell von *MacKenzie/Lutz* (1989) übernommen und im Folgenden auf den CSR-Kontext transferiert. Im Folgenden werden die zu übertragenen Hypothesen im Einzelnen vorgestellt und der Transfer der Einstellungskonstrukte auf den CSR-Kontext vorgenommen. Es folgt die Konzeptionalisierung eines Modells zur Wirkweise von strategischen CSR-Engagements.

[239] Eigene Darstellung in Anlehnung an MacKenzie/Lutz (1989), S. 53.

3 Konzeptionalisierung eines Modells zur Wirkung der strategischen Ausrichtung von Corporate Social Responsibility

3.1 Einstellung gegenüber den konkreten Maßnahmen und gegenüber dem Unternehmen als zentrale Wirkgrößen des Modells

Das Einstellungskonzept besitzt in der Theorie und Praxis der Konsumentenforschung und der Sozialpsychologie, insbesondere der Konsum- und Organisationspsychologie eine zentrale Funktion.[240] Die Tatsache, dass Einstellungen durch Kommunikation beeinflussbar sind, macht sie sowohl für die Marktforschung als auch für die Werbung zu einem interessanten Untersuchungsobjekt.[241] Nach Meinung vieler Sozialpsychologen übt das Konstrukt einen steuernden Einfluss auf das Verhalten von Menschen aus.[242] Nach der Einstellungs-Verhaltens-Hypothese wirkt die Einstellung als vermittelnde Variable zwischen einem Stimulus und einer daraus resultierenden Reaktion, d. h. dass Einstellungen auf ein beobachtbares Verhalten schließen lassen.[243]

Angesichts der hohen Relevanz der Einstellung zur Vorhersage von Verhaltensweisen sind zahlreiche Forscher der Abgrenzung des Begriffs nachgegangen, die an dieser Stelle in Form einer kurzen Auswahl vorgestellt werden soll. *Eagly/Chaiken* (1998) definieren Einstellung als „*a psychological tendency that is expressed by evaluating a particular entity with some degree of favor or disfavor*".[244] Eine ähnliche Ansicht vertreten *Kroeber-Riel/Weinberg* (2003), die Einstellung „*als subjektiv wahrgenommene Eignung eines Gegenstands zur Befriedigung einer Motivation, bei der die Gegenstandsbeurteilung auf verfestigte Ansichten zurückgeht*",[245] umschreiben. Die Definition von *Rosenberg/Hovland* (1960) soll die Multidimensionalität verdeutlichen, die dem Einstellungskonstrukt zu Grunde gelegt wird. Demnach handelt es sich bei Einstellungen „*um Dispositionen, auf bestimmte Reize mit entsprechenden kognitiven, affektiven und konativen Reaktionen zu antworten*".[246] Gemein haben diese Definitionen, dass sich Einstellungen immer auf ein Objekt beziehen.[247] Dies kann alles sein, was von einem Individuum wahrgenommen werden kann, wie z. B. Gegenstände, Personen, The-

[240] Vgl. Fischer/Wiswede (1997), S. 206.
[241] Vgl. Trommsdorff (2004), S. 149.
[242] Vgl. Seel (2003), S. 124.
[243] Vgl. Güttler (2000), S. 99; Trommsdorff (2004), S. 151.
[244] Eagly/Chaiken (1998), S. 269.
[245] Kroeber-Riel/Weinberg (2003), S. 169.
[246] Rosenberg/Hovland (1960), S. 198 f.
[247] Vgl. Meffert (2000), S. 118.

men oder Verhaltensweisen.[248] Unterscheiden lassen sich Einstellungskonzepte hinsichtlich der bereits erwähnten Dimensionalität. So beziehen sich die Definitionen von *Rosenberg/ Hovland* (1960) und *Eagly/Chaiken* (1998) auf ein mehrdimensionales Konstrukt, das die Einstellung als eine Kombination kognitiver, affektiver und konativer Reaktionen eines Individuums bezüglich eines spezifischen Objekts betrachtet.[249] Bei dieser Sichtweise handelt es sich um die so genannte Dreikomponententheorie, die bei der Konfrontation mit einem Reiz von einem konsistenten Zusammenhang zwischen Denken, Fühlen und Verhalten ausgeht.[250] Dabei bezeichnet die kognitive Komponente die mit einem Einstellungsobjekt verbundenen Gedanken, die affektive Komponente die damit assoziierten Gefühle und die konative Komponente die mit der Einstellung einhergehende Handlungstendenz, wie z. B. die Kaufabsicht, aus der man ein tatsächliches Verhalten ableiten kann.[251] *Abbildung 7* stellt die Dreikomponententheorie dar.

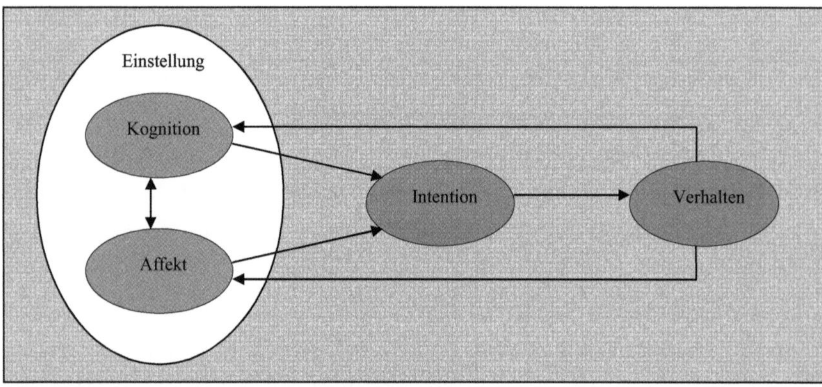

Abbildung 7: Dreikomponententheorie der Einstellung[252]

Der logisch erscheinende und als Einstellungs-Verhaltens-Hypothese bekannte Zusammenhang ist nicht unumstritten. In einer viel zitierten Studie formulierte *La Piere* (1934) erste Zweifel an der Gültigkeit der E-V-Hypothese.[253] Er bereiste mit einem chinesischen Ehepaar

[248] Vgl. Bohner (2002), S. 267.
[249] Vgl. Magin (2004), S. 20.
[250] Vgl. Stahlberg/Frey (1996), S. 221.
[251] Vgl. Meffert (2000), S. 119; Trommsdorff (2002), S. 154 f.
[252] Eigene Darstellung in Anlehnung an Bagozzi/Burnkrant (1979), S. 295 ff.
[253] Vgl. Seel (2003), S. 127.

die USA und konnte als Gruppe problemlos in 66 Hotels übernachten. Sie wurden nur ein einziges Mal abgewiesen. *La Piere* wandte sich später schriftlich an dieselben Hotels und erhielt auf seine Anfrage, ob sie Chinesen als Gäste aufnehmen würden, in 92 Prozent der Fälle eine Absage.[254] Bei diesen Hotels folgte das Verhalten des Personals nicht den Einstellungen, die sie im Nachhinein geäußert haben. Bei der Kritik an der E-V-Hypothese wird allerdings oftmals die Spezifitätsproblematik nicht berücksichtigt: Mit einem globalen Einstellungswert lassen sich keine spezifischen Verhaltensweisen vorhersagen, weil diese weiteren, situationsbedingten Einflüssen unterliegen.[255] Passt man das Aggregationsniveau der Einstellung an das des Verhaltens an, ist jedoch ein wesentlich stärkerer Zusammenhang erkennbar.[256] *Kroeber-Riel/Weinberg* (2003) sprechen sich für die Gültigkeit der Einstellungs-Verhaltens-Hypothese aus.[257] *Ajzen* (1993) definiert Einstellung als *„an individual's disposition to react with a certain degree of favorableness or unfavorableness to an objective, behavior, person, institution, or event“*.[258] Man kann also davon ausgehen, dass Einstellungen zu einem gewissen Grad relevant für das Verständnis und das Voraussagen von Verhalten sind.[259]

Nach dem Aad-Modell von *MacKenzie/Lutz* (1989),[260] welches eine positive kausale Verknüpfung von Einstellung gegenüber der Werbemaßnahme und der Einstellung hinsichtlich der Marke sieht,[261] kann man von einem positiven Einfluss von der Einstellung, die gegenüber einer konkreten CSR-Maßnahme besteht, auf die Einstellung gegenüber dem Unternehmen als Marke ausgehen. Empirische Unterstützung erfährt diese Annahme durch *Sen/Bhattacharya* (2001), die nachweisen konnten, dass eine CSR-Information seitens der Konsumenten positiv auf die Bewertung des Unternehmens wirkt.[262] Auch *Folkes/Kamins* (2001) konnten nachweisen, dass Konsumenten gegenüber Unternehmen, die verantwortlich handeln und soziale Maßnahmen ergreifen, eine positive Einstellung haben. Zusätzlich kann ein Unternehmen mit hohen moralischen Standards durch Qualitätsverbesserung seiner Produkte die positive Einstellung von Konsumenten gegenüber dem Unternehmen und seiner Produkte stei-

[254] Vgl. Nieschlag/Dichtl/Hörschgen (1997), S. 169.
[255] Vgl. Nieschlag/Dichtl/Hörschgen (2003), S. 597.
[256] Vgl. Asendorpf (1999), S. 225.
[257] Vgl. Kroeber-Riel/Weinberg (2003), S. 171 f.
[258] Ajzen (1993), S. 41.
[259] Vgl. Ajzen (2001), S. 48.
[260] Zum Attitude Toward the Ad-Modell vgl. Kapitel 2.3.
[261] Vgl. MacKenzie/Lutz (1989), S. 53.
[262] Vgl. Sen/Bhattacharya (2001), S. 238.

gern. Wohingegen unmoralisch agierende Unternehmen negative Einstellungen gegenüber dem Unternehmen erwarten müssen.[263]

Im CSR-Kontext nehmen *Brown/Dacin* (1997) an, dass Konsumenten bei einem Unternehmen zwei wesentliche Assoziationen unterscheiden: Einerseits in Assoziationen mit Bezug zur Fähigkeit des Unternehmens hinsichtlich der Leistungserstellung und andererseits in Assoziationen, die aufgrund von Tätigkeiten des Unternehmens im Bereich CSR entstehen. Letztere bezeichnen *Brown/Dacin* (1997) als Charakter des Unternehmens. Die Autoren konnten zeigen, dass mit gesellschaftlichem Engagement verbundene Assoziationen eine höhere Identifikation mit dem Unternehmen ermöglichen und dadurch positiv auf die Beurteilung des Unternehmens durch Konsumenten wirken.[264] In Bezug auf strategische CSR-Engagements, die wie bereits erläutert ein Konglomerat mehrerer aufeinander abgestimmter Maßnahmen bilden, ergibt sich somit folgende Hypothese:

H_1:	Je positiver die Einstellung gegenüber den konkreten CSR-Maßnahmen, desto positiver ist die Einstellung gegenüber dem Unternehmen.

3.2 Determinanten der Einstellung gegenüber den konkreten Maßnahmen und gegenüber dem Unternehmen

3.2.1 Wirkung der Einstellung gegenüber CSR generell

Die Einstellung gegenüber gesellschaftlichen Engagements generell kann als Einflussgröße der Einstellung gegenüber einer konkreten CSR-Maßnahme eines Unternehmens gelten. Die Einstellung gegenüber einer Werbemaßnahme („Attitude Toward the Ad") definieren *MacKenzie/Lutz* (1989) als eindimensionales Konstrukt im Sinne einer affektiven Reaktion.[265] Dies schließt mit ein, dass die Einstellung hier als situationsgebundenes Konstrukt angesehen wird. Demgegenüber führt die Einstellung zur Werbung generell dazu, auf Werbung *„in a consistently favorable or unfavorable manner"* zu reagieren.[266] *MacKenzie/Lutz* (1989) begründen den Einfluß der Einstellung gegenüber Werbung generell auf die Einstellung gegen-

[263] Vgl. Folkes/Kamins (1999), S. 258.
[264] Vgl. Brown/Dacin (1997), S. 68 ff.
[265] Vgl. MacKenzie/Lutz (1989), S. 49.
[266] Vgl. MacKenzie/Lutz (1989), S. 53 f.

über einer konkreten Werbemaßnahme mittels eines Generalisierungsprozesses.[267] Generalisierungsphänomene bezeichnen Vorgänge, bei denen Individuen eine Verallgemeinerung einer Stimulusbedeutung oder ihrer Reaktion vornehmen. Bei der Reizgeneralisierung wird eine erlernte Reaktion nicht nur für einen speziellen Reiz gelernt, sondern auch auf ähnliche Reize übertragen. So reagieren Konsumenten auf z. B. ähnliche Produkte in der gleichen Art und Weise, als ob es sich um die gleichen handeln würde.[268]

Der Einstellungstransfer-Ansatz erklärt die Übertragung der Einstellung von einem Einstellungsobjekt auf ein anderes Einstellungsobjekt. Der einfachste Fall des Einstellungstransfer-Ansatzes ist die Semantische Generalisierung. Die Semantische Generalisierung ist ein Spezialfall der klassischen Konditionierung und bezeichnet einen Prozess, der eine gelernte Reaktion auf einen Reiz auch bei Kontakt mit einem ähnlichen Reiz hervorruft,[269] wobei eine physische Ähnlichkeit nicht vorausgesetzt wird.[270] Mit anderen Worten besagt diese Theorie, dass zwischen zwei Objekten mit gleicher Markierung (Reiz) eine Übertragung der Einstellung (Reaktion) von einem Objekt auf das andere stattfindet, auch wenn die physischen Eigenschaften voneinander abweichen.[271] Da man davon ausgehen kann, dass es sich bei Werbung generell und einer konkreten Werbemaßnahme um ähnliche Reize handelt, ergibt sich folgende Argumentation. Die generalisierte Reaktion auf Werbung im Allgemeinen wird demnach auf die Werbung im Speziellen übertragen.[272] Auch bei der Einstellung gegenüber CSR generell wird aufgrund der Ähnlichkeit der Reize ein Einfluss auf die Einstellung gegenüber den tatsächlich durchgeführten, konkreten CSR-Maßnahmen eines Unternehmens angenommen. Der Argumentation aus dem Aad-Modell folgend kommt es zu einer Übertragung der gelernten Reaktion gegenüber CSR im Allgemeinen auf die Einstellung gegenüber konkreten CSR-Maßnahmen. Ist demnach die Einstellung gegenüber CSR im Allgemeinen positiv, sollte auch eine konkrete Maßnahme positive Reaktionen bei den Konsumenten hervorrufen. Aus diesen Überlegungen leitet sich folgende Hypothese ab:

---

[267] Vgl. MacKenzie/Lutz (1989), S. 53 f.
[268] Vgl. Nieschlag/Dichtl/Hörschgen (1997), S. 183; Kroeber-Riel (1990), S. 330.
[269] Vgl. Zimbardo/Gerrig (2004), S. 251.
[270] Die Generalisierung kann neben einer semantischen Ähnlichkeit auch auf einer physischen Ähnlichkeit basieren. Bei einer physischen Ähnlichkeit weisen beide Objekte gemeinsame äußere Eigenschaften auf.
[271] Vgl. Baumgarth (2003), S. 203 f.; zur Semantischen Generalisierung vgl. Osgood/Suci/Tannenbaum (1957), S. 13 f.; Zimbardo (1995), S. 270.
[272] Vgl. MacKenzie/Lutz (1989), S. 53 f.

H_2:	Je positiver die Einstellung gegenüber CSR generell, desto positiver ist die Einstellung gegenüber den konkreten CSR-Maßnahmen.

3.2.2 Wirkung der persönlichen Relevanz der CSR-Maßnahmen

Sen/Bhattacharya (2001) führen zum „*CSR support*"[273] aus, dass eine Motivation zur Unterstützung der CSR-Maßnahmen eines Unternehmens aufgrund der persönlichen Relevanz des Themas entsteht. In ihrer Studie stellte sich heraus, dass die persönliche Relevanz der CSR-Aktivitäten eines Unternehmens zentrale Determinanten für die Konsumenten und ihre positive Reaktion auf diese Aktivitäten sind.[274] In ihrer Sponsoring-Studie konnten *D'Astous/ Bitz* (1995) empirisch nachweisen, dass das Interesse der Konsumenten an einer gesponserten Veranstaltung die Einstellung zum Unternehmen positiv beeinflusst.[275]

Hinweise auf eine Verbindung von Relevanz und Einstellung finden sich auch in den Persönlichkeitstheorien, die sich unter anderem mit der Motivation zur Informationsverarbeitung befassen.[276] Die Motivation beinhaltet sowohl eine affektive als auch eine kognitive Komponente. Letztere beschreibt Prozesse der gedanklichen und willentlichen Zielorientierung, während sich erstere auf Antriebe, wie z. B. Prestige bezieht.[277] Im Fokus vieler Studien stehen in diesem Zusammenhang die Konstrukte Involvement und Need for Cognition.[278] Unter Involvement versteht man den Grad der Ich-Beteiligung oder des Engagements einer Person, sich für einen bestimmten Sachverhalt zu interessieren und einzusetzen.[279] Involvement beeinflusst über den damit einhergehenden Grad der Aktivierung[280] die Informationsaufnahme, -speicherung und -verarbeitung.[281] Need for Cognition bezeichnet dagegen die zeitlich relativ stabile

[273] Sen/Bhattacharya (2001), S. 228.
[274] Vgl. Sen/Bhattacharya (2001), S. 238.
[275] Vgl. D'Astous/Bitz (1995), S. 6 ff.
[276] Vgl. Baumgarth (2003), S. 176.
[277] Vgl. Kroeber-Riel (1990), S. 146.
[278] Vgl. Petty/Cacioppo/Schuman (1983), S. 136 f.
[279] Vgl. Kroeber-Riel (1990), S. 377 ff.; Meffert (1992), S. 66 f.
[280] Unter Aktivierung wird ein innerer Erregungszustand beschrieben, der den Organismus in einen Zustand der Reaktionsbereitschaft versetzt. Verantwortlich dafür sind Umweltreize (Stimuli), die über Impulse die bewusste Informationsverarbeitung aktivieren; vgl. Nieschlag/Dichtl/Hörschgen (1997), S. 166.
[281] Vgl. Petty/Cacioppo/Schuman (1983), S. 135 ff.; Meffert (1992), S. 66.

intrinsische, in der Person selbst begründete Motivation, sich kognitiv zu beschäftigen und bewusst nach Informationen zu suchen.[282]

Boulstridge/Carrigan (2000) behaupten in diesem Zusammenhang, dass die Stärke des Interesses der Konsumenten an den Unternehmensaktivitäten abhängig ist von deren Bedeutung für Konsumenten. Wenn also das unethische Verhalten eines Unternehmens sich nachteilig für den Konsumenten auswirkt, wird die Person Interesse an den Aktivitäten eines Unternehmens zeigen und sich dementsprechend gegenüber diesem verhalten. Folgt man nun den Ansichten von *Petty/Cacioppo/Schuman* (1983) führt ein hohes Involvement sowie ein hohes Maß an Need for Cognition aufgrund der zentralen Route der Informationsverarbeitung zu einer als stabil anzusehenden Einstellung.[283] Die folgende *Abbildung 8* zeigt das von *Petty/Cacioppo* entwickelte ELM-Modell.

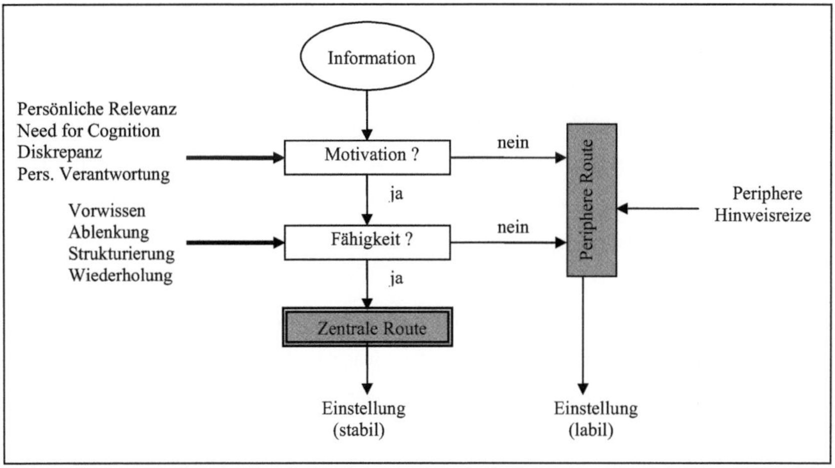

Abbildung 8: Elaboration Likelihood-Modell von Petty/Cacioppo

Erfolgt eine Information über CSR-Maßnahmen, ist aufgrund der vorangegangenen Ausführungen anzunehmen, dass eine hohe persönliche Relevanz und das thematische Interesse an den CSR-Maßnahmen dazu führen, dass sich der Informationsempfänger intensiv mit den Argumenten der CSR-Maßnahmen auseinandersetzt. Weiterhin wird vermutet, dass in Anlehnung an das ELM eine zentrale Informationsverarbeitung stattfindet, da hier die Motivation

[282] Vgl. Baumgarth (2003), S. 176.
[283] Vgl. Petty/Cacioppo/Schumann (1983), S. 137.

zur Informationssuche und -verarbeitung hoch ist. Darüber hinaus kommt es bei hoher Relevanz der CSR-Maßnahmen für ein Individuum konsequenterweise auch zu positiven Gedanken gegenüber dem Einstellungsobjekt und damit zu einer positiven Einstellung gegenüber den CSR-Maßnahmen.[284] Demnach ergibt sich folgende Hypothese:

H_3:	Je höher die persönliche Relevanz der CSR-Maßnahmen, desto positiver ist die Einstellung gegenüber den CSR-Maßnahmen.

3.2.3 Wirkung des wahrgenommenen Fits zwischen CSR-Maßnahmen und Unternehmen

Als weiterer Erfolgsfaktor einer CSR-Strategie ist der Fit zwischen den CSR-Maßnahmen und dem durchzuführenden Unternehmen anzusehen.[285] Der Fit[286] bezeichnet allgemein das Ergebnis eines Vergleichsprozesses und ist die subjektive Einschätzung des Konsumenten darüber, inwiefern Objekte zusammenpassen.[287] *Varadarajan/Menon* (1988) definieren in ihrer Studie Fit als *„the perceived link between a cause and the firm's product line, brand image, position, and/or target market"*.[288] Es handelt sich dabei um den subjektiv wahrgenommenen Zusammenhang zwischen den zu kombinierenden Objekten, die im Rahmen dieser Arbeit als das Unternehmen und die durchgeführten CSR-Maßnahmen verkörpert werden.

Die Wirkungen des Fits lassen sich theoretisch durch die Konsistenztheorien und die Kategorisierungstheorien[289] erklären. Die Konsistenztheorien, wie die Balancetheorie nach *Heider* (1958) und die Kongruenztheorie nach *Osgood/Tannenbaum* (1955), gehen allgemein davon aus, dass ein Subjekt versucht, unausgeglichene oder dissonante Zustände zwischen zwei Einstellungsobjekten zu reduzieren. Ein dissonanter Zustand liegt vor, wenn beide Marken einen geringen Fit aufweisen.[290] Inkongruenzen oder Dissonanzen erhöhen dabei die Motivation zur

[284] Vgl. Shimp (1981), S. 12.
[285] Vgl. Porter/Kramer (2002), S. 58 f.
[286] Ähnliche Begriffe sind „Kongruenz" vgl. Meyers-Levy/Louie/Curren (1994); „Kompatibilität" vgl. Herrmann (1999); „similarity" vgl. Hem/Lines/Gronhaug (2000); „coherence" vgl. Murphy/Medin (1985).
[287] Vgl. Baumgarth (2003), S. 225.
[288] Varadarajan/Menon (1988), S. 58.
[289] Zur Erklärung der Kategorisierungstheorie vgl. Baumgarth (2003), S. 226 f.
[290] Vgl. Baumgarth (2004), S. 244; Heider (1958); Osgood/Tannenbaum (1955).

Einstellungsänderung.[291] Bei der Balancetheorie bildet die Existenz von zwei getrennten, aber verbundenen Einstellungsobjekten die Grundlage. Hierbei wird zwischen der Einstellungs- und der Beziehungsrelation differenziert, wodurch sich bei zwei Objekten drei Relationen ergeben (Einstellung zu A, Einstellung zu B und Beziehung zwischen A und B). Diese Relationen können positiv als auch negativ sein. Eine Balance existiert dann, wenn alle drei Beziehungen das gleiche Vorzeichen haben oder wenn eine mit einem positiven und die übrigen beiden mit einem negativen versehen sind.[292]

Übertragen auf das CSR-Modell kann die Beziehungsrelation als Fit und die beiden Einstellungsrelationen als die Einstellung zum Unternehmen und die Einstellung gegenüber den CSR-Maßnahmen angesehen werden. Laut *Porter/Kramer* (2006) sollte jedes Unternehmen nur die gesellschaftlichen Themen auswählen, die für sein spezielles Geschäft passend und von Bedeutung sind, um gleichzeitig gesellschaftlichen und wirtschaftlichen Nutzen zu erreichen.[293] Je enger ein gesellschaftliches Thema mit der Unternehmenstätigkeit verbunden ist, umso größer ist in der Regel die Möglichkeit, die Fähigkeiten des Unternehmens wirksam einzusetzen.[294] In einer Untersuchung von *Becker-Olsen/Cudmore/Hill* (2006) wurde ebenfalls auf die Bedeutung des Fits zwischen einer CSR-Aktion und dem durchführenden Unternehmen hingewiesen, indem sowohl auf die Einstellung gegenüber dem Unternehmen als auch auf die eingeschätzte Glaubwürdigkeit des Unternehmens ein Einfluss aufgezeigt werden konnte.

Becker-Olsen/Cudmore/Hill (2006) stellen bei der Begründung ihrer Hypothesen auf die Theorie der Assoziativen Netzwerke ab.[295] Diesbezüglich wird davon ausgegangen, dass die Speicherung von Wissen im semantischen Gedächtnis anhand von Knoten und Kanten erfolgt.[296] Die Knoten enthalten z. B. Eigenschaften eines im Gedächtnis gespeicherten Unternehmens und sind über Beziehungen (Kanten) unterschiedlicher Intensität miteinander verbunden. Die Intensität hängt von dem sogenannten Priming ab, das die automatische Aktivierung von Assoziationen durch einen Reiz beschreibt, wobei die Stärke zwischen Ausgangsreiz

[291] Vgl. Baumgarth (2003), S. 209; zu Konsistenztheorien vgl. Eagly/Chaiken (1993), S. 455.
[292] Vgl. Baumgarth (2003), S. 209 f.
[293] Vgl. Porter/Kramer (2006), S. 84.
[294] Vgl. Porter/Kramer (2006), S. 89.
[295] Vgl. Becker-Olsen/Cudmore/Hill (2006), S. 47; Till/Busler (2000), S. 3.
[296] Vgl. Baumgarth (2003), S. 216 f.

und Assoziation mit steigender Anzahl an Aktivierungen zunimmt.[297] Werden nun zwei unterschiedliche Wissenseinheiten (Assoziationen-Sets) in Form einer Aktion wiederholt miteinander in Beziehung gesetzt, wie im Rahmen des hier untersuchten Phänomens die CSR-Maßnahmen und das die Initiativen unterstützende Unternehmen, können diese beiden Objekte Teil des jeweiligen Assoziationen-Sets werden.[298] Dieser Mechanismus der Schaffung einer Verbindung zweier Konzepte wird in der Kognitionspsychologie als „associative learning"[299] bezeichnet.

Die wiederholte Darstellung zweier Stimuli resultiert in einer simultanen Aktivierung der Gedächtnisknoten, die die beiden Stimuli repräsentieren, was wiederum zu einer Bildung eines „associative link" zwischen diesen beiden Knoten führt.[300] Die Bildung einer solchen Verbindung zwischen zwei Stimuli hat die Einflussnahme eines der beiden Stimuli in Bezug auf die Bewertung des anderen zur Folge. Bei der Bildung von Verknüpfungen verschiedener Assoziationen-Sets ist es allerdings von Relevanz, dass die Assoziations-Sets übereinstimmen oder sich ergänzen. Je ähnlicher sich zwei Konzepte hinsichtlich ihrer Assoziationen-Sets sind, desto eher werden sie in assoziative Netzwerke integriert.[301] Bei einem engen wahrgenommenen Zusammenhang werden die positiven Gefühle in Bezug auf den Cause eher auf das Unternehmen übertragen.[302] Einen weiteren Hinweis auf die Wirkung eines hohen Fits auf die Einstellung gegenüber den verbundenen Einstellungsobjekten liefert die Kongruenztheorie von *Osgood/Tannenbaum* (1955).[303] Diese ähnelt der Balancetheorie von *Heider* (1958),[304] wonach Individuen danach streben, kognitiv unbalancierte Zustände in balancierte zu überführen, da ein kognitives Ungleichgewicht Spannungen und damit die Motivation hervorruft, „*das kognitive System durch Änderung mindestens eines Elements wieder in einen gleichgewichtigen Zustand zu bringen*".[305] Die Kongruenztheorie differenziert jedoch neben der Richtung der Einstellungsrelationen (positiv/negativ) auch zwischen verschiedenen Intensitäten. Demnach existieren hier im Unterschied zur Balancetheorie unterschiedlich starke In-

[297] Vgl. Baumgarth (2003), S. 216 f.
[298] Vgl. Till/Busler (2000), S. 3.
[299] Till/Shimp (1998), S. 68.
[300] Vgl. Till/Shimp (1998), S. 68.
[301] Vgl. Till/Busler (2000), S. 3.
[302] Vgl. Hoeffler/Keller (2002), S. 78 ff.
[303] Vgl. Baumgarth (2003), S. 210 f.; Zajonc (1960), S. 21 f.
[304] Vgl. Heider (1958).
[305] Frey (1994), S. 57.

kongruenzen, die unterschiedlich starke Motivationen zur Einstellungsänderung zur Folge haben.[306] Die *Abbildung 9* stellt die Gedanken der beiden Konsistenztheorien graphisch dar.

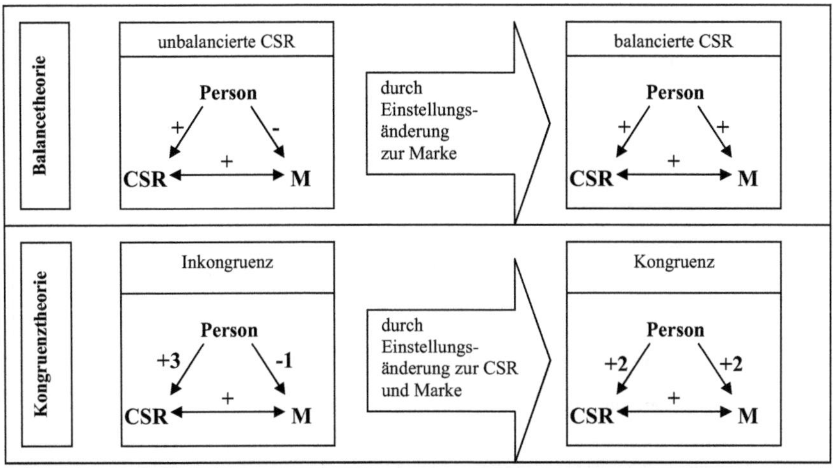

Abbildung 9: Balancetheorie und Kongruenztheorie am Beispiel von CSR-Maßnahmen[307]

Wenn sich nun aufgrund von CSR-Maßnahmen eine Verbindung zwischen Unternehmen und unterstütztem Cause gebildet hat, kann eine solche kognitive Unbalanciertheit durch unterschiedliche Einstellungen gegenüber einer der beiden Einheiten entstehen. Zum Ausgleichen dieses Zustands können die Einstellungen in positiver oder negativer Richtung angepasst werden.[308] Da im CSR-Kontext Unternehmen und CSR-Maßnahmen miteinander dargestellt werden, ist die Wirkung eines hohen wahrgenommenen Fits auf die Festigung der assoziativen Verbindung der beiden Stimuli anzunehmen. Hat der Konsument eine positive Einstellung gegenüber einem der beiden Einstellungsobjekte, ruft das verbundene Einstellungsobjekt aufgrund der starken Verknüpfung positive Gedanken hervor. Ein hoher Fit führt demnach zu positiven Einstellungen gegenüber beiden verknüpften Einstellungsobjekten:

H_4:	Je größer der wahrgenommene Fit zwischen Maßnahmen und Unternehmen, desto positiver ist die Einstellung gegenüber den CSR-Maßnahmen.

[306] Vgl. Osgood/Succi/Tannenbaum (1957), S. 199.
[307] Eigene Darstellung in Anlehnung an Baumgarth (2003a), S. 210 ff.
[308] Vgl. Baumgarth (2003), S. 211.

H$_5$:	Je größer der wahrgenommene Fit zwischen Maßnahmen und Unternehmen, desto positiver ist die Einstellung gegenüber dem Unternehmen.

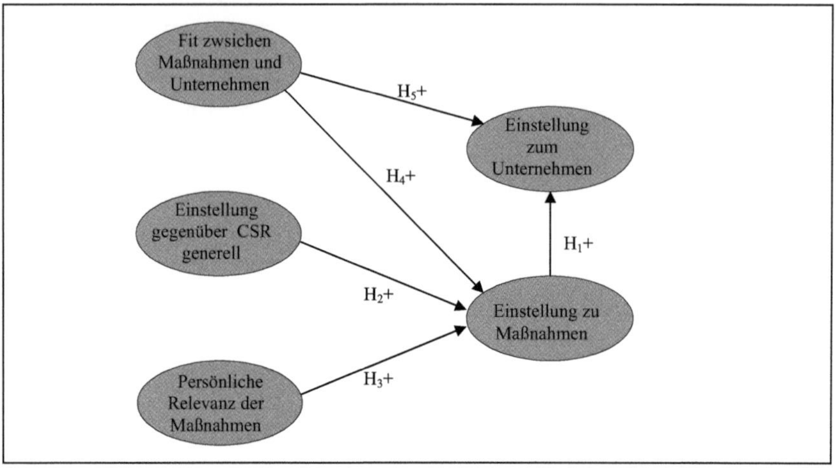

Abbildung 10: Teilmodell mit persönlicher Relevanz und Fit

3.3 Konsequenzen der Einstellung gegenüber den konkreten Maßnahmen und gegenüber dem Unternehmen

3.3.1 Wirkung auf die Kaufabsicht

An dieser Stelle soll das Konstrukt der Kaufabsicht in das Hypothesensystem eingefügt werden, welches in bestimmter Hinsicht den Erfolg der CSR-Maßnahmen ausdrückt. Die Kaufabsicht drückt nicht nur die Wertschätzung, die ein Individuum einem Produkt oder einer Marke entgegenbringt, aus, sondern auch die subjektive Beurteilung der gesamten Verhaltenssituation.[309] Um einen Zusammenhang herzuleiten wird zunächst die Dreikomponententheorie der Einstellung betrachtet. Der Kerngedanke dieses Ansatzes besteht darin, dass die Einstellung sich neben affektiven und kognitiven Komponenten auch durch eine Verhaltenskomponente charakterisieren lässt. Mit der Beurteilung des Gegenstandes folgt im Allgemeinen die entsprechende Bereitschaft, sich dem Objekt gegenüber in einer bestimmten Weise zu verhalten. Dabei ist umstritten, ob nur von einer Verhaltenskomponente gesprochen und diese in die Einstellung eingeschlossen werden soll oder ob das Verhalten getrennt von der Einstellung

[309] Vgl. Kroeber-Riel (1992), S. 170.

und somit als eine selbstständige Größe betrachtet werden soll, welche neben der Einstellung besteht.[310] Gegenwärtig wird diese Theorie als heuristisches Organisationsschema für die Untersuchungen über Einstellungen und Verhalten angesehen,[311] die in der E-V-Hypothese Ausdruck findet.

Nach *Kroeber-Riel/Weinberg* (2003) legt „*eine prozessuale Betrachtung es nahe, Einstellungen als einen aktuellen psychischen Vorgang aufzufassen*".[312] Das Individuum wird durch eine vom Einstellungsgegenstand ausgehende Motivation zu einem bestimmten Verhalten angetrieben, wie z. B. den Produktkauf bei positiver Einstellung. Trotz Kritik[313] an dieser Theorie sprechen sich *Kroeber-Riel/Weinberg* (2003) und auch *Trommsdorff* (2002) für eine Gültigkeit der E-V-Hypothese aus.[314] Das Konstrukt Einstellung übt demnach einen steuernden Einfluss auf das Verhalten von Menschen aus.[315] Hierauf basierend wird bei Kaufprognosen davon ausgegangen, dass mit zunehmender Stärke einer positiven Einstellung zum Produkt oder zur Marke die Kaufwahrscheinlichkeit steigt.[316]

Werden diese Ausführungen auf den CSR-Kontext übertragen, dann sind die zu beurteilenden Gegenstände die CSR-Maßnahmen und das die Maßnahmen durchführende Unternehmen. Der Kauf beziehungsweise die Kaufabsicht ist die entsprechende Bereitschaft, sich den Objekten gegenüber in einer bestimmten Weise zu verhalten. Es ergibt sich somit die folgende Hypothese.

H_6:	Je positiver die Einstellung gegenüber dem Unternehmen, desto höher ist die Kaufabsicht.

Creyer/Ross (1997) konnten in einer empirischen Studie zeigen, dass dem ethischen Verhalten eines Unternehmens eine wichtige Rolle innerhalb der Kaufentscheidung zukommt.[317] Damit tätigen Konsumenten ihre Käufe zunehmend auf der Basis der gesellschaftlichen Rolle

[310] Vgl. Kroeber-Riel/Weinberg (2003), S. 170 f.
[311] Vgl. Trommsdorff (1998), S. 143 ff.
[312] Kroeber-Riel/Weinberg (2003), S. 171.
[313] Situative Einflussgrößen beeinflussen das Verhalten; auch das Verhalten kann die Einstellung bestimmen.
[314] Vgl. Trommsdorff (1998), S. 143 ff.
[315] Vgl. Seel (2003), S. 124.
[316] Vgl. Kroeber-Riel/Weinberg (2003), S. 173.
[317] Vgl. Creyer/Ross (1997), S. 428.

und der ethischen Reputation eines Unternehmens.[318] Diesen Zusammenhang bestätigen auch *Carrigan/Attalla* (2001) in ihrer Studie, in der die Bereitschaft von Konsumenten zur Kaufverhaltensänderung aufgrund von CSR-Maßnahmen eines Unternehmens aufgezeigt wurde.[319] Auch *Boulstridge/Carrigan* (2000) konnten belegen, dass Konsumenten dann bereit sind zu handeln, wenn sie ein persönliches Interesse an den Aktionen eines Unternehmens haben und von den Maßnahmen positiv oder negativ betroffen sind.[320] Laut *Bhattacharya/Sen* (2004) geht u. a. die Zustimmung von Konsumenten bezüglich der CSR-Bemühungen eines Unternehmens mit einer steigenden Kaufabsicht einher.[321] Unter Berücksichtigung dieser Erkenntnisse kann folgende Hypothese formuliert werden:

H_7: Je positiver die Einstellung zu den CSR-Maßnahmen, desto höher ist die Kaufabsicht.

3.3.2 Wirkung auf die Preispremiumbereitschaft

Hohe Preise, die zu überdurchschnittlichen Profiten führen, werden in der Fachliteratur als Preispremium bezeichnet.[322] *Rao/Bergen* (1992) definieren Preispremium als *„the excess price paid, over and above the fair price that is justified by the true value of the product. This excess price has typically been viewed as the amount paid over and above all economic costs of manufacture"*.[323]Ein Preispremium wird nicht nur für funktionale Leistungselemente, sondern auch für den Markennamen und die damit assoziierten symbolischen Zusatznutzenelemente gezahlt.[324] In einer Studie zeigt *Sethuraman* (2000), dass das Markenimage der dominanteste Einflussfaktor für die Preispremiumbereitschaft der Konsumenten ist.[325] Auch wenn kein wahrgenommener Qualitätsunterschied zwischen verschiedenen Marken besteht, führt das positive Markenimage und somit die Einstellung zur Marke bei den Konsumenten zu einer Aufpreisbereitschaft.[326]

---

[318] Vgl. Forte/Lamont (1998), S. 89 f.
[319] Vgl. Carrigan/Attalla (2001), S. 569.
[320] Vgl. Boulstridge/Carrigan (2000), S. 355 ff.
[321] Vgl. Bhattacharya/Sen (2004), S. 18N vgl. auch Sen/Bhattacharya (2001), S. 238 f.
[322] Vgl. Klein/Leffler (1981); Shapiro (1983).
[323] Rao/Bergen (1992), S. 412.
[324] Vgl. Rao/Monroe (1996), S. 158 ff.; Sethuraman (2000), S. 27.
[325] Vgl. Sethuraman (2000), S. 20.
[326] Vgl. Sethuraman (2000), S. 14.

De Pelsmacker/Driesen/Rayp (2005) erbrachten den Nachweis, dass Konsumenten im Durchschnitt ein Preispremium von 10 Prozent für Fair-Trade[327] Kaffee zu zahlen bereit sind.[328] *Sriram/Forman* (1993) zeigen, dass Konsumenten zur Zahlung eines Preispremiums bereit sind, wenn die CSR- Eigenschaften von Produkten für sie persönlich wichtig sind.[329] Die Zahlung eines Preispremiums für die Produkte eines verantwortungsvollen Unternehmens ermittelten auch *Bhattacharya/Sen* (2004).[330] *Luzar/Cosse* (1998) untersuchten die Bereitschaft von Konsumenten ein Preispremium zu zahlen, um die Wasserqualität in ihrer direkten Nachbarschaft zu verbessern.[331]

Creyer/Ross (1997) bestätigen in ihrer Studie, dass ein Unternehmen, welches sich durch ethisches Verhalten auszeichnet von Konsumenten durch eine größere Bereitschaft einen höheren Preis für die Produkte dieses Anbieters zu bezahlen belohnt wird.[332] *Auger et al.* (2003) untersuchten die Bereitschaft von Konsumenten bei Produkten mit ethischen Eigenschaften einen höheren Preis zu zahlen.[333] Einen positiven Zusammenhang zwischen Einstellung gegenüber den Leistungen eines Unternehmens und der Bereitschaft ein Preispremium zu zahlen konnte auch *Huang* (1993) nachweisen.[334] Aus den vorangehenden Überlegungen lassen sich die folgenden Hypothesen ableiten:

H_8:	Je positiver die Einstellung gegenüber dem Unternehmen, desto höher ist die Preispremiumbereitschaft.

H_9:	Je positiver die Einstellung gegenüber den CSR-Maßnahmen, desto höher ist die Preispremiumbereitschaft.

[327] Zahlung von fairen und überdurchschnittlichen Preisen für Produkte der Bauern aus Entwicklungsländern.
[328] Vgl. De Pelsmacker/Driesen/Rayp (2005), S. 376 f.
[329] Vgl. Sriram/Forman (1993), S. 67.
[330] Vgl. Bhattacharya/Sen (2004), S. 20.
[331] Vgl. Luzar/Cosse (1998), S. 427 ff.
[332] Vgl. Creyer/Ross (1997), S. 428.
[333] Vgl. Auger et al. (2003), S. 296 ff.
[334] Vgl. Huang (1993), S. 392.

3.4 Geschlecht als moderierende Variable

Baron/Kenny (1986) beschreiben einen Moderator in allgemeinen Worten als „*a qualitative (e.g., sex, race, class) or quantitative (e.g., level of reward) variable that affects the direction and/or strength of the relation between an independent or predictor variable and a dependent or criterion variable*“.[335] In dieser Studie soll nun das Geschlecht als Moderatorvariable eingeführt werden, um zu erfassen ob diese die Beziehungen zwischen den Konstrukten in diesem Kausalmodell beeinflusst. Es wurde in einigen Studien bereits nachgewiesen, dass Frauen in der Regel positiver auf CSR-Maßnahmen von Unternehmen reagieren. *Huang* (1993) ermittelte in seiner Studie, dass Frauen eher als Männer pestizidefreie Nahrungsmittel als ein wichtiges Anliegen betrachten und auch eher bereit waren einen höheren Preis für eine solche Leistung zu zahlen.[336] *Roberts* (1995) zeigt, dass Frauen eher zum Nichtkauf bei Unternehmen neigen, wenn diese Minderheiten diskriminieren.[337] Folglich ist davon auszugehen, dass Frauen meist gesellschaftlich verantwortlicher kaufen als Männer.[338] Diese Annahme konnten auch *Littrell/Dickson* (1999) bestätigen, die in ihrer Studie herausfanden, dass Käufer von Fair-Trade Produkten zum größten Teil als Frauen identifiziert werden konnten.[339] In einer Studie von *Dickson* (2001) wurde untersucht wie Konsumenten auf Kleidung reagierten, bei denen hervorgehoben wurde, dass diese nicht aus so genannten „Sweatshops“ (Ausbeutungsbetrieb) stammen. Im Ergebnis zeigt sich, dass Frauen auf diese Information positiver reagieren.[340] Aus diesen Überlegungen kann nun die folgende Hypothese abgeleitet werden.

H_{10}:	Das Geschlecht der Konsumenten beeinflusst die Beziehungen zwischen den Konstrukten.

Unter Berücksichtigung der Konstrukte Preispremium und Kaufabsicht wurde das Hypothesensystem komplettiert. Die in diesem Kapitel postulierten Hypothesen sind zum Abschluss in der folgenden *Tabelle 3* zusammengetragen.

[335] Baron/Kenny (1986), S. 1174.
[336] Vgl. Huang (1993), S. 395.
[337] Vgl. Roberts (1995), S. 97 ff.
[338] Vgl. Roberts (1996), S. 81.
[339] Vgl. Littrell/Dickson (1999).
[340] Vgl. Dickson (2001), S. 96 ff.

Hypothese	**vermuteter Zusammenhang**
H_1:	Je positiver die Einstellung gegenüber den konkreten CSR-Maßnahmen, desto positiver ist die Einstellung gegenüber dem Unternehmen.
H_2:	Je positiver die Einstellung gegenüber CSR generell, desto positiver ist die Einstellung gegenüber den konkreten CSR-Maßnahmen.
H_3:	Je höher die persönliche Relevanz der CSR-Maßnahmen, desto positiver ist die Einstellung gegenüber den CSR-Maßnahmen.
H_4:	Je größer der wahrgenommene Fit zwischen Maßnahmen und Unternehmen, desto positiver ist die Einstellung gegenüber den CSR-Maßnahmen.
H_5:	Je größer der wahrgenommene Fit zwischen Maßnahmen und Unternehmen, desto positiver ist die Einstellung gegenüber dem Unternehmen.
H_6:	Je positiver die Einstellung gegenüber dem Unternehmen, desto höher ist die Kaufabsicht.
H_7:	Je positiver die Einstellung gegenüber den konkreten CSR-Maßnahmen, desto höher ist die Kaufabsicht.
H_8:	Je positiver die Einstellung gegenüber dem Unternehmen, desto höher ist die Preispremiumbereitschaft.
H_9:	Je positiver die Einstellung gegenüber den konkreten CSR-Maßnahmen, desto höher ist die Preispremiumbereitschaft.
H_{10}:	Das Geschlecht der Konsumenten beeinflusst die Beziehungen zwischen den Konstrukten.

Tabelle 3: Hypothesen im Überblick

Abbildung 11 zeigt das vollständige Kausalmodell mit allen Konstrukten und den dazugehörigen Wirkungszusammenhängen im Überblick.

Um eine Überprüfung der postulierten Hypothesen zu erreichen, wird das Kausalmodell im nachfolgenden Kapitel einer empirischen Überprüfung anhand eines geeigneten Untersuchungsobjekts unterzogen.

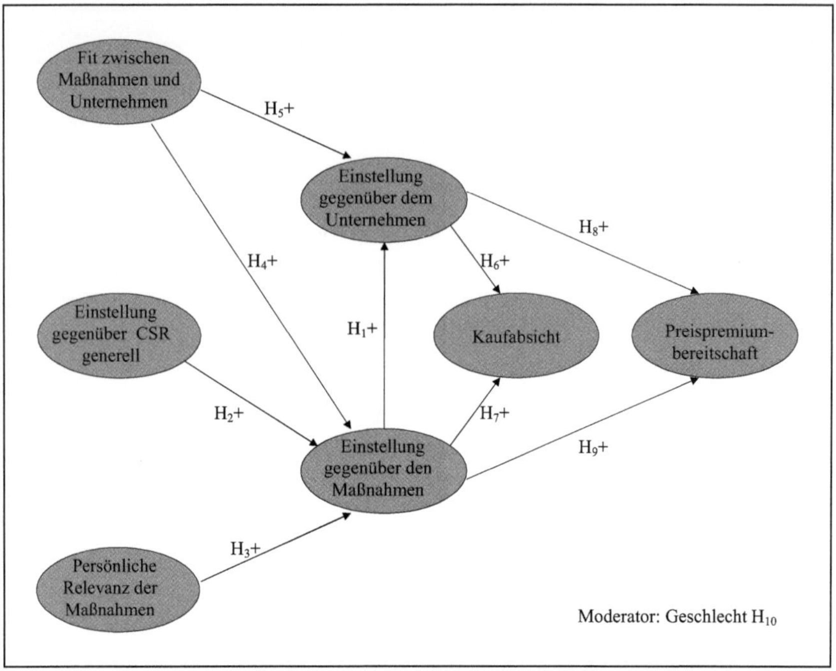

Abbildung 11: Vollständiges postuliertes Kausalmodell

4 Empirische Studie zur Überprüfung des Modells anhand von CSR-Aktivitäten des Unternehmens IKEA

4.1 Zur gewählten Forschungsmethode

4.1.1 Wahl eines problemadäquaten Schätzverfahrens

Das in Kapitel 3 postulierte Hypothesensystem wird in diesem Kapitel empirisch überprüft, indem es eine Konfrontation mit der Realität erfährt. Dazu ist die Auswahl eines geeigneten mathematisch-statistischen Verfahrens nötig, welches den Anforderungen einer verhaltenswissenschaftlichen Untersuchung mit nicht beobachtbaren Konstrukten genügt[341] und den spezifischen Problemen der jeweiligen Aufgabenstellung Rechnung trägt.[342] *Ohlwein* (1999) nennt in seinem Kriterienkatalog vier Eigenschaften, die ein geeignetes Schätzverfahren zur Analyse von komplexen Kausalgefügen aufweisen sollte.[343] Der folgenden *Tabelle 4* können diese Charakteristika entnommen werden:

Kriterium	Anforderungen an das Analyseverfahren
1	Das Analyseverfahren muss kausale Beziehungen zwischen hypothetischen Konstrukten berücksichtigen.
2	Das Analyseverfahren muss Messfehler explizit berücksichtigen.
3	Das Analyseverfahren muss es ermöglichen, Interdependenzen zwischen den Variablen abzubilden, die zur Erklärung des im Mittelpunkt stehenden Konstrukts dienen.
4	Das Analyseverfahren muss die simultane Schätzung des aufgestellten Hypothesensystems ermöglichen.

Tabelle 4: Kriterienkatalog für ein adäquates Schätzverfahren[344]

Das erste Kriterium bezieht sich auf die Tatsache, dass es sich bei den in Kapitel 3 beschriebenen Konstrukten um sogenannte latente Variablen handelt, d. h. diese Konstrukte sind nicht direkt beobachtbar und nicht direkt messbar. Um sie dennoch analysieren zu können, werden sie mittels geeigneten Indikatorvariablen operationalisiert.[345] Jedes Verfahren muss die kau-

[341] Vgl. Peter (1997), S. 142.
[342] Vgl. Homburg/Pflesser (2000), S. 635.
[343] Vgl. Ohlwein (1999), S. 220.
[344] Eigene Darstellung in Anlehnung an Ohlwein (1999), S. 220.
[345] Vgl. Homburg (1992), S. 499 f.

salen Relationen zwischen solchen hypothetischen Konstrukten berücksichtigen können.[346] Das zweite Kriterium ergibt sich aus der Tatsache, dass latente Phänomene mit Hilfe beobachtbarer Indikatoren erhoben werden. Es kommt dabei fast zwangsläufig zu Messfehlern, die größtenteils in Unzulänglichkeiten der Messinstrumente, wie z. B. dem Fragebogen, sowie in Falschaussagen der Probanden begründet liegen.[347] Für das gewählte Verfahren ist es unerlässlich, diese Erhebungsfehler einbeziehen zu können, um beträchtlichen Verzerrungen der Schätzergebnisse vorzubeugen.[348] Besteht das Modell, wie im vorliegenden Fall, aus mehr als zwei Konstrukten, erhöht sich die Relevanz dieses Sachverhaltes.[349] Das dritte Kriterium fordert, dass Interdependenzen zwischen den zur Erklärung des im Zentrum stehenden Konstrukts herangezogenen Größen mit der gewählten Forschungsmethode zu schätzen sein sollten.[350] Das vierte Kriterium betrifft die simultane Schätzung des aufgestellten Hypothesensystems, da nur so alle zur Verfügung stehenden Informationen, wie die Interdependenzen zwischen den Gleichungen, in die Betrachtung eingehen können.[351]

Diese vier Kriterien sollen nun den Verfahren gegenübergestellt werden, die sich zur Analyse von Ursache-Wirkungs-Relationen eignen. Kausale Beziehungen lassen sich grundsätzlich durch sämtliche regressionsanalytische Methoden überprüfen. Dazu zählen die klassische Regressionsanalyse, der Logit-Ansatz und die linearen Strukturgleichungsmodelle.[352] Die klassische Regressionsanalyse kann Abhängigkeitsstrukturen zwischen latenten Konstrukten erst abbilden, wenn die betroffenen Indikatoren zuvor mittels Faktorenanalyse zu einem direkt beobachtbaren Faktor verdichtet wurden.[353] Messfehler bei der Datenerhebung bleiben daher weitgehend unberücksichtigt.[354] Noch schwerwiegender erscheint jedoch, dass die Forderung nach der Einbeziehung von kausalen Abhängigkeiten unter den exogenen Größen der regressionsanalytischen Annahme unabhängiger Regressoren widerspricht.[355] Aufgrund der einfachen Abhängigkeitsstruktur ist auch keine simultane Überprüfung der Hypothesen gewähr-

[346] Vgl. Ohlwein (1999), S. 220.
[347] Vgl. Bagozzi (1994), S. 26 f.
[348] Vgl. Gujarati (2003), S. 526.
[349] Vgl. Peter (1997), S. 129.
[350] Vgl. Ohlwein (1999), S. 219.
[351] Vgl. Bollen (1996), S. 227.
[352] Vgl. Braunstein (2001), S. 223.
[353] Vgl. Dichtl/Hardock/Ohlwein/Schellhase (1997), S. 498 ff.
[354] Vgl. Homburg (1992), S. 499.
[355] Vgl. Gujarati (2003), S. 341 ff.

leistet.[356] Diese Analyseform ist folglich nicht im Stande, die geforderten Kriterien hinreichend zu erfüllen und ist daher auch nicht dazu geeignet, die beschriebene Hypothesenstruktur zu testen.

Das Logit-Verfahren baut auf dem Grundprinzip der klassischen Regressionsanalyse auf, unterscheidet sich von dieser allerdings in drei Punkten: Es sind bereits kategorial skalierte Regressanden ausreichend, statt eines linearen Zusammenhangs zwischen der abhängigen und der unabhängigen Variable wird ein logarithmischer Verlauf angenommen und zur Parameterschätzung kommt die Maximum-Likelihood-Methode anstatt der Kleinst-Quadrat-Methode zum Einsatz.[357] Aufgrund der Tatsache, dass das Logit-Verfahren weder Messfehler noch eine Schätzung der kausalen Zusammenhänge zwischen den exogenen Variablen berücksichtigt, bleiben die Kriterien drei und vier unerfüllt. Die Kriterien eins und zwei werden wiederum nur bedingt erfüllt. Das Logit-Verfahren scheitert somit ebenfalls an der Kriterienüberprüfung.

Eine geeignete Alternative zur Schätzung von Ursache-Wirkungs-Beziehungen scheint mit Linearen Strukturgleichungsmodellen zu finden zu sein. Dieser Ansatz verbindet Elemente der Faktorenanalyse mit den Elementen der Regressionsanalyse und zielt auf die Untersuchung der kausalen Beziehungen zwischen latenten Variablen ab, weshalb diese Methode in der Literatur auch als Kausalanalyse bezeichnet wird.[358] Charakteristisch für diesen Ansatz ist, dass er zwischen beobachtbaren und theoretischen Variablen trennt und Messfehler angemessen zu berücksichtigen vermag.[359] Darüber hinaus ist diese Methode imstande, die Beziehungen zwischen den Einflussgrößen des zentralen Konstruktes (Interdependenzen) zu überprüfen.[360] Somit entspricht ein lineares Strukturgleichungsmodell am ehesten den Anforderungen an ein geeigentes Schätzverfahren und dient daher als methodische Basis zur Überprüfung des vorliegenden Hypothesensystems. Aus diesem Grund soll auch in dieser Studie die Kausalanalyse für die Parameterschätzung zur Anwendung kommen.

[356] Vgl. Ohlwein (1999), S. 219 f.
[357] Vgl. Gujarati (2003), S. 595 ff.
[358] Vgl. Ohlwein (1999), S. 221.
[359] Vgl. Homburg/Dobratz (1998), S. 450.
[360] Vgl. Ohlwein (1999), S. 222.

4.1.2 Kausalanalyse und der PLS-Ansatz

Die Kausalanalyse ist ein Instrument zur Überprüfung eines theoretisch fundierten Hypothesensystems anhand von empirischen Daten und den *konfirmatorischen* (hypothesenprüfenden) Verfahren zuzurechnen.[361] Ihre Anfänge liegen in den Bereichen Soziologie, Psychologie und Ökonometrie,[362] bevor sie in den achtziger Jahren zunehmend auch für die Marketingforschung in der angloamerikanischen sowie deutschsprachigen Literatur an Relevanz gewann.[363] Bei linearen Strukturgleichungsmodellen hat der Forscher die Möglichkeit, Abhängigkeiten zwischen nicht direkt messbaren Variablen zu schätzen.[364] Diese latenten Konstrukte müssen aufgrund ihres abstrakten Charakters durch beobachtbare Indikatoren operationalisiert werden.[365] *Kroeber-Riel/Weinberg* (1999) sehen in den Indikatorvariablen *„unmittelbar messbare Sachverhalte, welche das Vorliegen der gemeinten, aber nicht direkt erfassbaren Phänomene (...) anzeigen"*.[366] Darin ist auch der Grund für den häufigen Einsatz der Kausalanalyse in der Konsumentenverhaltensforschung zu sehen, da hier schwierig zu operationalisierende, latente Größen vorherrschen.[367]

Zur Schätzung linearer Strukturgleichungsmodelle kommen zwei unterschiedliche statistische Methoden in Betracht: die kovarianzbasierte und die varianzbasierte Analyse.[368] Die Kovarianzstrukturanalyse ist das etabliertere der beiden Verfahren und verdankt seinen Erfolg vor allem der frühen Verfügbarkeit des von *Jöreskog/Sörbom*[369] entwickelten statistischen Softwareprogrammes LISREL (LInear Structural RELationships), dass sich auf die Maximum Likelihood-Methode[370] stützt.[371] Weitere kovarianzbasierte Computerprogramme sind u. a. EQS (EQuations based Language) und das SPSS-Modul AMOS[372] (Analysis of MOment Structures). Auf der anderen Seite steht mit dem von *Wold* (1966) propagierten PLS-Ansatz (Partial Least Squares) ein varianzbasiertes Schätzverfahren zur Verfügung. Dabei kommt die

[361] Vgl. Backhaus et al. (2003), S. 334.
[362] Vgl. Homburg (1992), S. 499.
[363] Vgl. Bagozzi (1980); Bagozzi (1982); Förster et al. (1984), S. 346 ff.; Hildebrand (1984), S. 41 ff.
[364] Vgl. Huber/Herrmann/Kressmann/Vollhardt (2004), S. 1.
[365] Vgl. Homburg/Giering (1998), S. 114.
[366] Kroeber-Riel/Weinberg (1999), S. 31.
[367] Vgl. Homburg/Dobratz (1998), S. 450.
[368] Vgl. Huber/Herrmann/Kressmann/Vollhardt (2004), S. 12.
[369] Vgl. Jöreskog/Sörbom (1978), Jöreskog/Sörbom (1981) und Jöreskog/Sörbom (1993).
[370] Vgl. Gujarati (2003), S. 114 ff.
[371] Vgl. Hahn (2002), S. 96.
[372] Vgl. Ringle (2004), S. 11.

Kleinst-Quadrat-Methode[373] in einem iterativen Prozess zum Einsatz, wodurch das Gesamtmodell in einzelne Regressionsgleichungen unterteilt und sukzessive geschätzt wird, ohne ein übergeordnetes Optimierungskriterium anzuwenden.[374] Für eine Auswahl eines der beiden Verfahren ist eine Betrachtung der jeweiligen Anforderungen erforderlich.

Bei Maximum-Likelihood-Schätzungen – und somit auch beim LISREL-Ansatz – wird eine Normalverteilung der Eingangsdaten vorausgesetzt.[375] Das PLS-Verfahren kommt hingegen ohne Verteilungsannahmen aus, da diese für Kleinst-Quadrat-Algorithmen, wie für alle nicht parametrischen Verfahren, nicht erforderlich sind.[376] Es spiegelt demzufolge den tatsächlichen Wissensstand des Forschers über die Daten einer praktischen Anwendung deutlich besser wider als kovarianzbasierte Verfahren. Darüber hinaus kann PLS umfangreiche Modelle bereits mit einer kleineren Stichprobe schätzen als LISREL dazu in der Lage ist.[377] Darüber hinaus können keine unplausiblen Werte (Heywood-Cases), wie z. B. negative Varianzen, entstehen. Einen weiteren zentraleren Punkt stellt die Fähigkeit von PLS dar, sowohl reflektive als auch formative Indikatoren vorbehaltlos zur Operationalisierung latenter Konstrukte einbinden zu können.[378] *Eggert/Fassot* (2003) beschreiben den Unterschied zwischen beiden Varianten folgendermaßen: „*Entscheidet sich der Forscher für ein reflektives Messmodell, so geht er von der Prämisse aus, dass die latente Variable ihre Indikatoren verursacht. (...) Hingegen unterstellt ein formatives Messmodell, dass die Indikatoren die latente Variable verursachen*".[379] Eine solche Differenzierung zwischen den beiden Varianten ist notwendig, um einerseits die Beziehung zwischen Indikatoren und latenten Variablen zu beschreiben, und andererseits um adäqaute Gütekriterien zu identifizieren.

Letztendlich sollte aber auch der mit der Studie verfolgten Zielsetzung und dem anvisierten Anwendungsfeld Beachtung geschenkt werden. Falls die Parameter der Beziehungen in einem theoriegeleiteten Kausalmodell möglichst genau geschätzt werden sollen, sollte eine kovarianzbasierte Analyse durchgeführt werden.[380] Soll hingegen eher ein praxis- bzw. manage-

---

[373] Vgl. Zur Kleinst-Quadrat-Methode bzw. OLS (Ordinary Least Squares) vgl. Gujarati (2003), S. 58 ff.
[374] Vgl. Hahn (2002), S. 103.
[375] Vgl. Gujarati (2003), S. 114.
[376] Vgl. Huber/Herrmann/Kressmann/Vollhardt (2004), S. 9.
[377] Vgl Herrmann/Huber/Kressmann (2004), S. 12.
[378] Zur genaueren Beschreibung von reflektiven und formativen Indikatoren sei auf Kapitel 4.1.3 verwiesen.
[379] Eggert/Fassot (2003), S. 2.
[380] Vgl. Fornell/Cha (1994), S. 73 f.; Hahn (2002), S. 107 ff.

mentorientiertes als ein theorieorientiertes Ziel erreicht werden, so muss eine sehr gute Vorhersage (i. S. v. Erklärung der Veränderung) einer oder mehrerer Zielkonstrukte erfolgen. In diesem Fall bietet sich die varianzbasierte Kausalanalyse an.[381] An dieser Stelle setzt die Zielsetzung dieser Arbeit an: Eine möglichst gute Vorhersage der Einstellung zu CSR-Maßnahmen und der Kaufabsicht. Insgesamt zeigt sich PLS für die hier bestehende Problemstellung dem kovarianzbasierten LISREL überlegen. Die Auswertung wird mit dem Programm PLS-Graph in der Version 3.0 vorgenommen. *Tabelle 5* fasst die wichtigsten Unterschiede zwischen den Verfahren zusammen.

Kriterien	LISREL	PLS
Grundlage des Ansatzes	Kovarianzstruktur	Varianzstruktur
Schätzalgorithmus	Maximum-Likelihood-Schätzung	iterative Kleinst-Quadrat-Schätzung
Verteilungsannahmen	Verteilungsannahme über die Indikatoren notwendig	keine Verteilungsannahmen notwendig
Konstrukt-Indikatoren-Beziehung	reflektiv (formativ nur bedingt möglich)	reflektiv und formativ möglich
Stichprobengröße	große Stichproben notwendig	relativ kleine Stichproben ausreichend
Anwendungsfeld	theorieorientiert	praxisorientiert
Zielsetzung	optimale Schätzung der Parameter	optimale Vorhersage des Zielkonstrukts

Tabelle 5: Vergleich zwischen LISREL und PLS[382]

4.1.3 Unterschiede formativer und reflektiver Messmodelle

Da die Konstrukte des untersuchten Modells latenter Natur sind, müssen sie erst durch eine Operationalisierung mit Indikatoren empirisch fassbar gemacht werden. Auf diese Weise ist eine Schätzung des Strukturmodells möglich.[383] Um potenzielle Verzerrungen zu vermeiden, sollten einem latenten Konstrukt mehrere Indikatoren zugeordnet werden.[384] Kamen in der Marketingforschung bislang fast ausnahmslos reflektive Indikatoren zur Anwendung,[385] so setzte sich in den letzten Jahren eine sehr viel differenziertere Auseinandersetzung mit diesem

[381] Vgl. Huber/Herrmann/Kressmann/Vollhardt (2004), S. 12.
[382] Eigene Darstellung in Anlehnung an Hahn (2002), S. 107.
[383] Vgl. Backhaus et al. (2003), S. 394.
[384] Vgl. Homburg/Dobratz (1998), S. 450.
[385] Vgl. Eggert/Fassot (2003), S. 2.

Thema durch.[386] Wie im Folgenden gezeigt wird, ist ein korrekt spezifiziertes Messmodell, und damit eine detaillierte Auseinandersetzung mit der Operationalisierungsart eines jeden Messmodells, für die Wahl der Gütekriterien und die Bestimmung der Indikatoren unverzichtbar. Um die Entscheidung über die Verwendung von reflektiven oder formativen Indikatoren zu erleichtern, geben *Jarvis/MacKenzie/Podsakoff* (2003) dem Forscher einen Leitfaden zur Spezifizierung des Messmodels in Form eines vier Punkte umfassenden Kriterienkataloges in die Hand. Dieser ist in *Tabelle 6* dargestellt.[387]

Kriterien	reflektives Messmodell	formatives Messmodell
1. Richtung der Kausalität	vom Konstrukt zu den Indikatoren	von den Indikatoren zum Konstrukt
2. Austauschbarkeit der Indikatoren	Indikatoren sind austauschbar	Indikatoren sind nicht austauschbar
3. Korrelation zwischen den Indikatoren	starke Korrelation	keine Korrelation
4. Nomologisches Netzwerk der Indikatoren	sehr ähnliches nomologisches Netzwerk	keine Ähnlichkeit notwendig

Tabelle 6: Kriterienkatalog zur Spezifikation des Messmodells[388]

Es ist allerdings davon auszugehen, dass die Kriterien zwei bis vier nur als Folge der Erfüllung des ersten Punktes anzusehen sind, so dass sich eine Verdichtung der Kriterien auf die Frage nach der Richtung der Kausalität empfiehlt.[389] Demzufolge stellt dieser Punkt das Hauptkriterium für die Unterscheidung eines reflektiven oder formativen Messmodells dar. Im reflektiven Messmodell verursacht das latente Konstrukt seine zugeordneten Indikatoren. Dementsprechend verläuft in solch einem Messmodell die Richtung der Kausalität von dem Konstrukt zu den Indikatoren. Wenn sich das latente Konstrukt verändert, ändert sich konsequenterweise auch der Wert aller Indikatoren.[390] In *Abbildung 12* stellen das Konstrukt ξ_1 und seine Indikatoren x_1 und x_2 ein solches reflektives Messmodell unter Berücksichtigung der Fehlerterme der Schätzung (δx_1und δx_2) dar.

[386] Dazu zählen: Cannon/Homburg (2001), Jarvis/MacKenzie/Podsakoff (2003), Eggert/Fassot (2003), Huber/ Herrmann/Kressmann/Vollhardt (2004).
[387] Vgl. Jarvis/MacKenzie/Podsakoff (2003), S. 201.
[388] Eigene Darstellung in Anlehnung an Jarvis/MacKenzie/Podsakoff (2003), S. 203.
[389] Vgl. Huber/Herrmann/Kressmann/Vollhardt (2004), S. 15.
[390] Vgl. Jarvis/MacKenzie/Podsakoff (2003), S. 200 f.

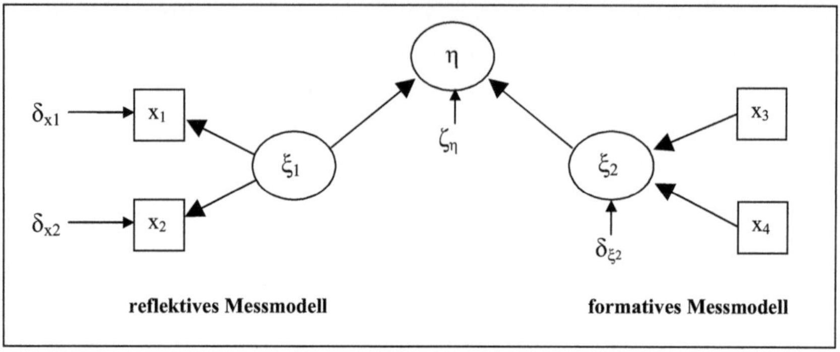

Abbildung 12: Kausalmodell mit reflektivem und formativem Messmodell

Im formativen Messmodell verursachen die beobachtbaren Indikatoren das latente Konstrukt. In *Abbildung 12* repräsentieren die Indikatoren x_3 und x_4 mit dem formativen Konstrukt ξ_2 diesen Sachverhalt. Hierbei kann die isolierte Veränderung eines einzelnen Indikators zu einer Veränderung des latenten Konstrukts führen,[391] während die Ausprägungen der übrigen Indikatoren unterdessen unbeeinflusst und somit konstant bleiben.[392] Die Indikatorvariablen besitzen determinierenden Charakter, so dass bezüglich des latenten Konstrukts ξ_2 ein Fehlerterm $\delta_{\xi 2}$ zu berücksichtigen ist.[393]

Im reflektiven Messmodell sollten die Indikatoren möglichst hoch korreliert sein, da sie grundsätzlich austauschbare Messungen der latenten Variablen darstellen. Indikatoren, die nur gering mit den übrigen korreliert sind, werden in diesem Messmodell eliminiert, was den inhaltlichen Gehalt des Konstrukts nicht beeinflusst, da jede Indikatorvariable einen austauschbaren Repräsentanten des latenten Konstruktes darstellt.[394] Bei der formativen Operationalisierung spiegeln die Indikatoren die definitorischen Facetten der latenten Größe wider und müssen untereinander nicht korreliert sein. Formative Konstruktindikatoren können laut *Bollen/Lenox* (1991) positive, negative, oder auch keine Korrelationen aufweisen.[395] Jede Indikatorvariable beschreibt dabei einen Teil des latenten Phänomens (Konstruktes), so dass die Eli-

[391] Vgl. Jarvis/MacKenzie/Podsakoff (2003), S. 201.
[392] Vgl. Eggert/Fassot (2003), S. 3 f.
[393] Vgl. Jarvis/MacKenzie/Podsakoff (2003), S. 200.
[394] Vgl. Eggert/Fassot (2003), S. 5.
[395] Vgl. Bollen/Lenox (1991), S. 307.

mination eines Indikators den konzeptionellen Inhalt des Konstruktes verändern würde. Aus diesem Grund ist in einem formativen Messmodell, soweit möglich, die Elimination von Indikatoren zu vermeiden.[396] Folglich ist die Wahl geeigneter Gütekriterien in Abhängigkeit von der Spezifikation des Messmodells zu treffen.[397] Insbesondere ist darauf zu achten, dass die interne Konsistenz, aufgrund der nicht erforderlichen Korrelation zwischen formativen Indikatoren, nicht zur Beurteilung der Güte formativer Messmodelle herangezogen werden darf.[398] Die adäquaten Gütekriterien werden im folgenden Kapitel detaillierter dargestellt.

4.1.4 Gütekriterien zur Beurteilung von PLS-Schätzungen

Die abschließende Beurteilung der Güte einer Modellschätzung stellt eine zentrale Herausforderung der Kausalanalyse dar. Hierzu werden Kriterien benötigt, die einen Rückschluss auf die Validität (Gültigkeit) und Reliabilität (Zuverlässigkeit) der Modellbeziehungen sowie des Gesamtgefüges geben.[399] Man differenziert dabei zwischen Kriterien zur Beurteilung der Güte des Mess- und des Strukturmodells, wobei auf Messmodellebene zusätzlich eine Unterscheidung zwischen formativen und reflektiven Indikatoren notwendig ist, da sich deren Gütekriterien stark unterscheiden.[400]

Im reflektiven Messmodell stützt sich die Gütebeurteilung insbesondere auf die Höhe und die Signifikanz der Faktorladungen der einzelnen Indikatoren. Die zur Einschätzung der Signifikanz benötigten t-Werte lassen sich durch die Prozeduren „Bootstrapping“ und „Jacknifing“ bestimmen.[401] Hierbei erweist es sich als empfehlenswert, das „Bootstrapping“ dem „Jacknifing“ aufgrund des geringeren Standardfehlers vorzuziehen.[402] Des Weiteren sollte auch die Plausibilität der Faktorladungen (v. a. der Vorzeichen) beachtet werden. Das auf *Cronbach/ Mehl* (1955) zurückgehende Kriterium der Konstruktvalidität gibt an, wie gut sich die gewählte Operationalisierung zur Messung des latenten Konstrukts eignet.[403] Um den Nachweis von Konstruktvalidität zu erbringen, ist *„die verbundene Prüfung der Konvergenz von Messungen des gleichen Konstrukts (Konvergenzvalidität) und der Diskriminierungsfähigkeit der*

[396] Vgl. Jarvis/MacKenzie/Podsakoff (2003), S. 201; Eggert/Fassot (2003), S. 6.
[397] Vgl. Hulland (1999), S. 201.
[398] Vgl. Rossiter (2002), S. 307 f.
[399] Vgl. Hamman/Erichson (2000), S. 93.
[400] Vgl. Huber/Herrmann/Kressmann/Vollhardt (2004), S. 31.
[401] Vgl. Hahn (2002), S. 105.
[402] Vgl. Huber/Herrmann/Kressmann/Vollhardt (2004), S. 27.
[403] Vgl. Hildebrandt (1998), S. 89 ff.

Messmodelle (Diskriminanzvalidität)“[404] erforderlich. Um die Diskriminanzvalidität[405] zu bewerten eignet sich das Fornell-Larcker-Kriterium, die Konvergenzvalidität[406] wird über die durchschnittlich erfasste Varianz (DEV) und die Konstruktreliabilität ermittelt.[407] Weiterhin ist bei reflektiven Messmodellen zur Überprüfung der Vorhersagevalidität das Q^2 von Stone-Geisser zu berücksichtigen, welches die Prognose der gewählten Indikatoren auf Basis der Schätzergebnisse mit einer trivialen Vorhersage durch die einfachen Mittelwerte der Indikatoren vergleicht. Nimmt das erhaltene Q^2 einen Wert größer als Null an, so kann dem Modell Vorhersagerelevanz zugesprochen werden.[408] Zudem sollte das Kriterium der Unidimensionalität erfüllt sein, so dass die Indikatoren eindeutig und überschneidungsfrei einem Konstrukt zugeordnet werden können. Dies lässt sich mit Hilfe der im Rahmen einer konfirmatorischen Faktorenanalyse berechneten Kreuzladungen überprüfen.[409]

Bei formativen Messmodellen stehen die Validitätsmaße im Mittelpunkt der Beurteilung. Die Reliabilität der Schätzparameter des formativen Messmodells findet nur im zugehörigen t-Wert (Signifikanz) Beachtung. Die Evaluierung der Konstruktvalidität beschränkt sich auf den Aspekt der Diskriminanzvalidität, die sich mit Hilfe der Korrelationsmatrix der berechneten Konstruktwerte bemessen lässt. Die Höhe der Schätzparameter dient als Zeichen für die Vorhersagevalidität des Modells.[410] Damit eine mögliche Multikollinearität unter den Indikatoren eines Konstruktes identifiziert werden kann, sollte der Variance Inflation Factor (VIF) betrachtet werden. Die Erklärung eines großen Teils der Varianz eines Indikators durch die übrigen Indikatoren deutet dabei auf das Vorliegen einer Multikollineraität hin.[411] In *Tabelle 7* sind die kritischen Werte der Gütekriterien für das reflektive und das formative Messmodell zusammengestellt.

[404] Hildebrandt (1998), S. 91.
[405] Diskriminanzvalidität beschreibt den Grad, zu dem sich Operationalisierungen von unterschiedlichen latenten Konstrukten unterscheiden; vgl. Homburg/Giering (1998), S. 118.
[406] Konvergenzvalidität beschreibt den Grad, zu dem verschiedene Operationalisierungen des gleichen latenten Konstruktes übereinstimmen; vgl. Homburg/Giering (1998), S. 117.
[407] Als Synonym für Konstruktreliabilität kommt häufig der Begriff Faktorreliabilität zur Anwendung.
[408] Vgl. Fornell/Cha (1994), S. 73.
[409] Vgl. Huber/Herrmann/Kressmann/Vollhardt (2004), S. 28.
[410] Vgl. Huber/Herrmann/Kressmann/Vollhardt (2004), S. 30.
[411] Vgl. Gujarati (2003), S. 362.

Gütekriterien	reflektives Messmodell	formatives Messmodell
Plausibilität der Ladung	Mindestanforderung	Mindestanforderung
Höhe der Ladung	> 0,8	irrelevant
t-Wert	einseitig > 1,66	zweiseitig > 1,98
Diskriminanzvalidität	Fornell-Larcker-Kriterium	Konstruktkorrelationen < 0,9
Konvergenzvalidität	DEV > 0,6 Konstruktreliabilität > 0,7	(nicht möglich) (nicht möglich)
Vorhersagevalidität	Stone-Geissers Q^2 (Kommunalität) > 0	(nicht möglich)
Multikollinearität	(nicht möglich)	VIF < 10
Unidimensionalität	Höhe und Korrelation der Residuen; Kreuzladungen	(nicht möglich)

Tabelle 7: Konservative Prüfkriterien für PLS-Modelle auf Messmodellebene[412]

Im Anschluss an die Überprüfung der Messmodellebene können die Beziehungen des Strukturmodells einer genaueren Betrachtung unterzogen werden. Die über die t-Werte der Bootstrapping-Prozedur ermittelte Signifikanz der Strukturparameter zeigt auf, ob zwischen den hypothetischen Konstrukten eine signifikante Beziehung besteht. Falls dies der Fall ist, kann die Höhe des Pfadkoeffizienten im Sinne der Stärke des Einflusses eines Konstruktes auf ein nachfolgendes Konstrukt betrachtet werden. Mit Hilfe des Determinationskoeffizienten R^2 wird deutlich, wie gut die Varianz einer Größe durch die kausal vorgelagerten Konstrukte erklärt wird. Zur Ermittlung des Multikollinearitätsgrades zwischen den Indikatoren dient wiederum der Variance Inflation Factor (VIF), der sich basierend auf den von PLS berechneten Konstruktwerten bestimmen lässt.[413] Aufgrund mangelnder Simultanität der Parameterschätzung sind in PLS keine globalen Gütemaße vorhanden. Dennoch kann die gemeinsame Vorhersagevalidität von Struktur- und Messmodellebene ermittelt werden. Dazu ist für reflektiv spezifizierte, endogene Konstrukte das Q^2 (Redundanz) nach Stone-Geisser eine geeignete Größe. Das Modell besitzt Vorhersagerelevanz, sobald das Q^2 einen Wert größer Null annimmt, da die Summe der auf Basis der Modellparameter bestimmten Residuen geringer ist, als die bei einer trivialen Schätzung.[414] Eine Übersicht über die kritischen Werte auf Strukturmodellebene erlaubt *Tabelle 8*:

412 Huber/Herrmann/Kressmann/Vollhardt (2004), S. 35 f.
413 Vgl. Herrmann/Huber/Kressmann (2004), S. 26.
414 Vgl. Herrmann/Huber/Kressmann (2004), S. 26 f.

Gütekriterien	Strukturmodell
Strukturparameter	(keine Vorgabe)
t-Wert	zweiseitig > 1,98
Determinationskoeffizient R^2	> 0,3
Multikollinearität	Variance Inflation Factor < 10
Vorhersagevalidität (bzgl. endogener reflektiver Konstrukte)	Stone-Geissers Q^2 (Redundanz) > 0

Tabelle 8: Prüfkriterien für PLS-Modelle auf Strukturmodellebene[415]

Mit Hilfe der in diesem Kapitel vorgestellten Prüfkriterien kann die Güte der Mess- und Strukturmodellschätzung, welche Gegenstand der nachfolgenden Abschnitte sein wird, evaluiert werden.

4.2 Konzeption der empirischen Studie

4.2.1 Untersuchungsobjekt und Aufbau der Befragung

Im Folgenden wird anhand einer empirischen Untersuchung überprüft, ob sich das in Kapitel 3 aufgestellte Kausalmodell mit den daraus abgeleiteten Hypothesen in der Realität bewährt. Als Untersuchungsobjekt im Rahmen dieser Studie ist ein Unternehmen erforderlich, welches strategische CSR-Maßnahmen durchführt. Darüber hinaus bietet sich bei der Betrachtung der Wirkung von CSR-Maßnahmen die Berücksichtigung von High-Involvement Produkten[416] an. Als Untersuchungsobjekt wurde dementsprechend ein Hersteller von Möbeln ausgewählt, da diese Produktkategorie allgemein bekannt und somit auch einer sehr großen Anzahl an Menschen vertraut ist sowie der Forderung nach einem hohen Involvement entspricht.

Bei der Suche nach geeigneten Marken aus der Möbelbranche fiel die Wahl auf den bekanntesten Hersteller IKEA. Die Untersuchung einer Wirkung von strategisch ausgerichteten CSR-Maßnahmen macht die Verknüpfung von IKEA mit strategischen CSR-Maßnahmen im Rahmen der Befragung erforderlich. Zu diesem Zweck wurden die Aktivitäten von IKEA zur Übernahme gesellschaftlicher Verantwortung recherchiert,[417] wobei letztlich diejenigen Maßnahmen für eine Präsentation im Fragebogen ausgewählt wurden, die strategisch und somit

[415] Huber/Herrmann/Kressmann/Vollhardt (2004), S. 35.

[416] Für den Kauf von High-involvement Produkten, wie z.B. Häuser, Autos, Möbel, macht sich ein Konsument mehr Gedanken und zieht dafür mehr Informationen heran.

[417] Vgl. o.V. (2007a); o.V. (2007b); o.V. (2008).

untrennbar mit dem täglichen Geschäft von IKEA verbunden sind. Dem Probanden wurde die Situation wie folgt dargestellt:

IKEA ist ein Unternehmen, das Möbel und andere Einrichtungsprodukte für Haushalte herstellt. Das Unternehmen hat es sich zur Aufgabe gemacht, mit den folgenden Maßnahmen etwas gegen den Klimawandel und für den Umweltschutz zu tun.

- IKEA hat in seiner gesamten Geschäftstätigkeit niemals Holz aus Regenwäldern oder illegal gefälltes Holz verwendet. IKEA betreibt eine nachhaltige Forstwirtschaft mit eigenen Plantagen, wodurch keine natürlichen Wälder zerstört werden. Zudem arbeitet IKEA mit Umweltschutzorganisationen zusammen und unterstützt sie bei dem Erhalt und der Wiederbepflanzung von Regenwäldern.

- IKEA hat das Ziel, all seine Einrichtungshäuser, Lager, Fabriken und Büros ausschließlich mit Ökostrom zu betreiben. Zudem ist das Heizen und Kühlen nur noch mit biologischen Kraftstoffen vorgesehen. IKEA will bis 2010 seine Firmenflotte komplett auf umweltfreundliche Fahrzeuge umstellen und dadurch den CO_2-Ausstoß um 20% reduzieren.

- IKEA nutzt keine giftigen oder umweltschädlichen Materialien oder Chemikalien zur Herstellung seiner Produkte. Es wird ein möglichst hoher Grad an erneuerbaren Materialien eingesetzt. Verpackungen von IKEA-Produkten sind zu 100% recyclebar.

Die dazu benötigten empirischen Daten machen eine Primärerhebung erforderlich, die entweder durch Beobachtung oder durch Befragung erfolgen kann. Letztlich kam zur Gewinnung der Daten eine Online-Befragung zur Anwendung. Die Entscheidung für diese Erhebungsmethode basiert auf einer Abwägung der Vor- und Nachteile der unterschiedlichen Erhebungsverfahren. Eine Online-Befragung zeichnet sich dadurch aus, dass sie im World Wide Web (www) online ausgefüllt wird,[418] der Proband den Fragebogen folglich auf einer Website beantwortet. Der Forscher übermittelt dem Probanden einen Link, wodurch dieser die Website mit dem Fragebogen erreicht. Die Online-Befragung ermöglicht die Generierung von großen Datenmengen bei vergleichsweise geringem Aufwand bezüglich Kosten und Zeit. Ein

[418] Die alternative Bezeichnung ist die www-Befragung.

großer Vorteil stellt die weitgehende Unabhängigkeit der Kosten von der Anzahl der Datensätze.[419] Darüber hinaus entstehen bei dieser Befragungsart keine Interviewerkosten, zudem verkürzt sich die Dauer der Feldphase erheblich, vor allem im Vergleich zu einer schriftlichen Befragung.[420] Des Weiteren kann von einer höheren Validität ausgegangen werden, da es zu keinem Interviewer-Effekt kommt.[421] Die Nachteile dieses Ansatzes, wie etwa die Gefahr einer geringen Repräsentativität durch zu wenige Teilnehmer oder unsorgfältig oder bewusst falsch ausgefüllter Fragebögen, sind auch bei anderen Methoden der Datenerhabung vorzufinden und somit in Kauf zu nehmen.[422] Folglich fiel die Entscheidung bezüglich der Durchführung der Datenerhebung aufgrund der oben genannten Vorteile zu Gunsten einer Online-Erhebung.

Der Online-Fragebogen begann mit einer Einleitung, in welcher der Proband über den Grund sowie den Gegenstand der Untersuchung (Studie über gesellschaftliche Verantwortung von Unternehmen) informiert wurde.[423] Nach der Bitte, den Fragebogen vollständig und wahrheitsgemäß auszufüllen, wurde auch die Anonymität der Befragung versichert. Des Weiteren wurde eine Fortschrittsanzeige in den Fragebogen integriert, um eine höhere Motivation zur Finalisierung der Dateneingabe durch die Probanden zu gewährleisten. Im Hauptteil des Online-Fragebogens erfolgte die Abfrage anhand der Indikatoren, die zur Operationalisierung der latenten Modellkonstrukte abgeleitet wurden.[424]

Die Indikatoren wurden als Aussagen formuliert und über siebenstufige Likert-Skalen bewertet, was einen guten Kompromiss zwischen hoher Reliabilität (wenig Skalenpunkte) und großer Varianz der Daten (viele Skalenpunkte) darstellt.[425] Zentral ist dabei die verständliche Formulierung der Fragen und Inhalte jedes einzelnen Items durch die Auskunftspersonen,[426] was im Rahmen der Fragebogenkonzeption sicherzustellen ist. In der ersten Frage wurde die Einstellung gegenüber gesellschaftlichen Engagements von Unternehmen im Allgemeinen, vor der Nennung eines Unternehmens oder einer bestimmten CSR-Maßnahme, abgefragt.

[419] Vgl. Zerr (2001), S. 12.
[420] Vgl. Batinic (2001), S. 125 ff.
[421] Vgl. Zerr (2001), S. 12 ff.
[422] Vgl. Batinic (2001), S. 119.
[423] Die Offline-Version des Online-Fragebogens befindet sich im Anhang.
[424] Vgl. Kapitel 4.3.
[425] Vgl. Nieschlag/Dichtl/Hörschgen (1997), S. 693 ff.
[426] Vgl. Kurz/Prüfer/Rexroth (2003), S. 83.

Danach wurde das Möbelunternehmen IKEA genannt und deren konkrete CSR-Maßnahmen beschrieben. In den nächsten Fragen wurden die persönliche Relevanz der CSR-Maßnahmen von IKEA für die Probanden und der wahrgenommene Fit zwischen IKEA und CSR-Maßnahmen ermittelt. Danach standen die Einstellung zu den vorgestellten CSR-Maßnahmen und die Einstellung gegenüber IKEA vor dem Hintergrund der Maßnahmen im Mittelpunkt des Interesses. Anschließend wurden die Kaufabsicht und die Aufpreisbereitschaft der Probanden abgefragt. Den Schlussteil des Fragebogens bildeten Fragen zu soziodemographischen Merkmalen der Auskunftspersonen. *Abbildung 13* zeigt einen Überblick über den Aufbau der Befragung.

1.	Einleitung
2.	Befragung zur *Einstellung* gegenüber dem gesellschaftlichen Engagement von Unternehmen im Allgemeinen
3.	Befragung zur *persönlichen Relevanz* und dem *Fit* zwischen den CSR-Maßnahmen und dem Unternehmen
4.	Befragung zur Einstellung gegenüber den CSR-Maßnahmen und dem durchführenden Unternehmen
5.	Befragung zur *Kaufabsicht* und zum *Preispremium*
6.	Fragen zu soziodemographischen Merkmalen der Probanden

Abbildung 13: Aufbau des Fragebogens

4.2.2 Beschreibung der generierten Stichprobe

Die Befragung fand im Zeitraum vom 15. Februar bis zum 24. Februar 2009 statt, wobei in dieser Zeit insgesamt 247 Teilnehmer akquiriert werden konnten. Die Stichprobe der Umfrage bestand zu ungefähr der Hälfte aus weiblichen und männlichen Probanden - 131 Teilnehmerinnen (53,04%) standen 116 Teilnehmer (46,96%) gegenüber. Die meisten Teilnehmer (114 Personen = 46,15 %) sind zwischen 25-29 Jahre alt. Mit 128 Personen (51,82%) stellen Studierende den größten Anteil, gefolgt von 78 Angestellten (31,58%). *Tabelle 9* stellt die soziodemographischen Kenngrößen der Probanden für die IKEA-CSR-Umfrage tabellarisch dar.

Merkmal	Merkmalsausprägung	Häufigkeit	
		absolut	*relativ*
Geschlecht	weiblich	131	53,04%
	männlich	116	46,96%
Alter	unter 20	6	2,43%
	20-24	90	36,44%
	25-29	114	46,15%
	30-39	23	9,31%
	40-49	3	1,21%
	50 Jahre und älter	11	4,45%
Beruf	Schüler/in	9	3,64%
	Angestellte/r	78	31,58%
	Selbstständige/r	3	1,21%
	Beamtin/Beamter	9	3,64%
	Auszubildende/r	7	2,83%
	Arbeitssuchend	3	1,21%
	Rentner/in	3	1,21%
	Student/in	128	51,82%
	Freiberufler/in	7	2,83%

Tabelle 9: Soziodemographische Kenngrößen der Auskunftspersonen der IKEA-CSR-Umfrage

Darüber hinaus wurden zusätzliche Informationen über die Probanden erhoben, mit dem Ziel der Aufdeckung des sozialen Engagements und der Disposition bezüglich des Umweltschutzes der Probanden. Insgesamt 88 Probanden und somit 35,63% der Stichprobe sind laut ihrer Angabe sozial engagiert. Der Umweltschutz ist 190 Probanden und somit 76,92% der Stichprobe wichtig. Demgegenüber stehen 57 Probanden (23,08%), denen der Umweltschutz unwichtig beziehungsweise egal ist. Zusätzlich wurde nach der Einkaufshäufigkeit der Probanden bei IKEA gefragt, um Informationen über die Vertrautheit mit IKEA und den Produkten sowie das Einkaufsverhalten in Bezug auf den Anbieter zu erhalten. Der größte Teil der Stichprobe (206 Personen = 83,40%) geht seltener als 1-3 Mal im Monat bei IKEA einkaufen, was jedoch als kein außergewöhnliches Ergebnis bei Möbeln anzusehen ist. Nur 17 Probanden und somit 6,88% waren noch nie zuvor bei IKEA einkaufen. *Tabelle 10* stellt die zusätzlichen Informationen über die Probanden für die IKEA-CSR-Umfrage tabellarisch dar.

Merkmal	Merkmalsausprägung	Häufigkeit	
		absolut	*relativ*
Gesellschaftliches Engagement	Ich bin sozial engagiert	88	35,63%
	Umweltschutz ist mir wichtig	190	76,92%
Wie oft gehen Sie bei IKEA einkaufen?	mehrmals pro Woche	1	0,40%
	einmal pro Woche	0	0,00%
	1-3 mal im Monat	23	9,31%
	seltener	206	83,40%
	nie	17	6,88%
N = 247			

Tabelle 10: Zusätzliche Informationen über die Auskunftspersonen

4.3 Operationalisierung der Modellkonstrukte

4.3.1 Einstellung gegenüber CSR generell

Für die empirische Überprüfung des postulierten Wirkungsgefüges, müssen die darin berücksichtigten Konstrukte mittels geeigneter Operationalisierung messbar gemacht werden. Die Identifikation von Indikatoren und Skalen erfolgte anhand der Auswertung von bereits durchgeführten empirischen Studien. In diesem Zusammenhang wurden die Indikatoren bezüglich ihrer Übertragbarkeit auf die vorliegende Studie sowie ihrer Güte geprüft.

Für die Messung der Einstellung kommt in dieser Studie das drei Indikatorvariablen umfassende Messmodell von *MacKenzie/Lutz* (1989) zur Anwendung. Die Autoren verwenden zur Messung der Einstellungen die Indikatoren *„bad – good"*, *„unpleasant – pleasant"* und *„unfavorable – favorable"*.[427] Es erfolgte eine Übersetzung und Anpassung der Items an den hier vorliegenden Untersuchungszusammenhang. Für die Auswahl geeigneter Gütekriterien ist die Entscheidung bezüglich der Art der Operationalisierung wichtig, also ob das Konstrukt reflektiv oder formativ zu operationalisieren ist. Jeder einzelne der drei verwendeten Indikatoren repräsentiert das Konstrukt Einstellung und verändert sich bei einer Variation des Konstruktwertes, so dass die Indikatoren austauschbare Repräsentanten des Konstrukts darstellen. Folglich ist ein reflektives Messmodell zu unterstellen. Bei reflektiven Operationalisierungen sind neben den t-Werten die Faktorladungen von Interesse. Die Berechnung der t-Werte mit Hilfe des Bootstrapping ergab eindeutig signifikante Ergebnisse, da die Werte bei allen Indikatoren deutlich größer als 1,66 sind. Die geschätzten Faktorladungen liegen alle im geforderten Be-

[427] Vgl. MacKenzie/Lutz (1989), S. 58.

reich, da sie positiv, signifikant und größer als 0,6 sind und folgich die Plausibilitätsprüfung bestehen. *Tabelle 11* stellt die Ergebnisse der Faktorladungen und t-Werte dar.

Indikatoren	*Faktorladung*	*t-Wert*
Indikator 1: Gesellschaftliches Engagement von Unternehmen finde ich gut.	0,8707	31,1425
Indikator 2: Ich finde gesellschaftliches Engagement von Unternehmen sympathisch.	0,7992	18,6025
Indikator 3: Ich finde gesellschaftliches Engagement von Unternehmen vorteilhaft.	0,7921	17,8988

Tabelle 11: Operationalisierung der Einstellung gegenüber CSR generell

Wie in Kapitel 4.1.4 beschrieben, existieren zur Evaluation von reflektiven Konstrukten auf Messmodellebene weitere Gütekriterien. Das Fornell-Lacker-Kriterium wird herangezogen, um die Diskriminanzvalidität des Messmodells zu schätzen. Die durchschnittlich erfasste Varianz (DEV) und die Konstruktreliabilität sind notwendig, um die Konvergenzvalidität zu beurteilen. Das Fornell-Larcker-Kriterium und die Kriterien zur Überprüfung der Konvergenzvalidität werden allesamt erfüllt. Das Q^2 nach Stone-Geisser liegt über Null, wodurch dem Messmodell Vorhersagevalidität zu bescheinigen ist. Die Unidimensionalität der Messung wird nicht vollständig erfüllt, die Kreuzladung ist allerdings als unproblematisch anzusehen. *Tabelle 12* stellt alle Gütekriterien im Überblick dar.

Gütekriterien	*CSR-Modell*
Diskriminanzvalidität	
Fornell-Larcker Kriterium	erfüllt
Konvergenzvalidität	
Durchschnittlich erfasste Varianz (DEV)	0,675
Konstruktreliabilität	0,861
Vorhersagevalidität	
Stone-Geissers Q^2	0,3492
Unidimensionalität	nicht perfekt erfüllt

Tabelle 12: Gütekriterien der Operationalisierung der Einstellung gegenüber CSR generell

Insgesamt kann das hier vorgestellte und drei Indikatoren umfassende Messmodell als geeignetes Instrumentarium zur Messung des Konstrukts Einstellung angesehen werden.

4.3.2 Persönliche Relevanz der konkreten Maßnahmen

Als nächstes Konstrukt gilt es, die persönliche Relevanz der CSR-Maßnahmen und die damit einhergehende Motivation zur Unterstützung zu operationalisieren. *Sen/Bhattacharya* (2001) interpretieren die Wichtigkeit einer CSR-Maßnahme als Motivation zur Unterstützung einer Maßnahme.[428] Gemessen wurde dieser CSR-Support durch die beiden Kategorien *„do not support at all – strongly support*".[429] Weiterhin wurde zur Messung der persönlichen Relevanz die Studie von *Becker-Olsen/Cudmore/Hill* (2006) herangezogen, deren Messung von relevanten gesellschaftlichen Initiativen auf einer siebenstufigen Skala mit den Eckpunkten *„not important – very important*" und *„not relevant – relevant*" erfolgte.[430] Die Kombination dieser drei Indikatoren aus den erwähnten zwei Studien wurde auch in einer Studie von *Huber/Matthes/Vogel/Schmitt* (2007) zur Messung der persönlichen Relevanz verwendet. Es handelt sich hierbei um eine reflektive Operationalisierung, da jeder einzelne Indikator das Konstrukt widerspiegelt und die Kausalität eindeutig vom Konstrukt in Richtung Indikatorvariablen verläuft. Verändert sich der Konstruktwert, so hat dies Auswirkungen auf sämtliche zur Messung verwendeten Items. *Tabelle 13* belegt die deutliche Erfüllung der Anforderungen an Faktorladungen und Signifikanzen aller Indikatoren.

Indikatoren	*Faktorladung*	*t-Wert*
Indikator 1: Für mich sind die Maßnahmen von IKEA sehr wichtig.	0,8744	50,2869
Indikator 2: Ich unterstütze die Maßnahmen von IKEA.	0,8725	48,5053
Indikator 3: Für mich persönlich sind die Maßnahmen von IKEA relevant.	0,8650	48,1323

Tabelle 13: Operationalisierung der persönlichen Relevanz

Die geforderten Werte für die Diskriminanzvalidität, die Konvergenzvalidität, die Vorhersagevalidität und die Unidimensionalität können durchweg eingehalten werden (siehe *Tabelle*

[428] Vgl. Sen/Bhattacharya (2001), S. 228 f.
[429] Vgl. Sen/Bhattacharya (2001), S. 230.
[430] Vgl. Becker-Olsen/Cudmore/Hill (2006), S. 48.

14). Damit wird die Eignung des gewählten Messinstrumentariums zur Operationalisierung der persönlichen Relevanz deutlich.

Gütekriterien	*CSR-Modell*
Diskriminanzvalidität	
Fornell-Larcker Kriterium	erfüllt
Konvergenzvalidität	
Durchschnittlich erfasste Varianz (DEV)	0,758
Konstruktreliabilität	0,904
Vorhersagevalidität	
Stone-Geissers Q^2	0,4889
Unidimensionalität	erfüllt

Tabelle 14: Gütekriterien der Operationalisierung der persönlichen Relevanz

4.3.3 Wahrgenommener Fit zwsichen den konkreten Maßnahmen und Unternehmen

Zur Messung des Fits zwischen den CSR-Maßnahmen und dem Unternehmen IKEA kamen ebenfalls Indikatoren aus der Studie von *Becker-Olsen/Cudmore/Hill* (2006) zum Einsatz. Die Autoren verwendeten in ihrer Studie vier Items, die wie folgt lauten: „*low fit – strong fit*", „*dissimilar – similar*", „*inconsistent – consistent*" und „*not complementary – complementary*".[431] Des Weiteren ist auch hier zu prüfen, ob das Konstrukt reflektiv oder formativ zu operationalisieren ist. In den angeführten Studien wurde ein reflektiver Zusammenhang zwischen den Indikatoren und dem Konstrukt unterstellt, was aufgrund der Inhalte der einzelnen Itemaussagen auch hier unterstellt wird. Das Konstrukt Fit verursacht in der vorliegenden Skala somit die Ausprägungen seiner Indikatoren, was einen reflektiven Zusammenhang bestätigt. Die mit Hilfe des PLS-Pfades geschätzten Parameter ergaben für alle Indikatoren signifikante Faktorladungen. Somit lassen sich 50 % der Varianz eines Indikators auf die latente Variable zurückführen. *Tabelle 15* stellt die genauen Ergebnisse der Faktorladungen und t-Werte dar.

[431] Vgl. Becker-Olsen/Cudmore/Hill (2006), S. 48.

Indikatoren	*Faktorladung*	*t-Wert*
Indikator 1: Die Maßnahmen und IKEA passen sehr gut zusammen.	0,8943	62,2108
Indikator 2: Die Maßnahmen und IKEA sind sich sehr ähnlich.	0,8609	32,2608
Indikator 3: Die Verbindung dieser Maßnahmen und IKEA ist logisch.	0,7486	13,8553
Indikator 4: Die Maßnahmen und IKEA ergänzen sich.	0,8450	40,3161

Tabelle 15: Operationalisierung des wahrgenommenen Fits

Auch die Gütekriterien zur Validierung des Konstrukts ergaben positiv zu bewertende Ergebnisse. Die Konvergenzvalidität ist für das Konstrukt auf Grund eines Wertes für die DEV von 0,704 und einer Konstruktreliabilität von 0,904 gewährleistet. Das Stone-Geissers Q^2-Kriterium weist einen Wert von größer Null auf und impliziert somit Vorhersagequalität. Das letzte zu prüfende Kriterium, die Unidimensionalität, kann ebenfalls als erfüllt angesehen werden.

Gütekriterien	*CSR-Modell*
Diskriminanzvalidität	
Fornell-Larcker Kriterium	erfüllt
Konvergenzvalidität	
Durchschnittlich erfasste Varianz (DEV)	0,704
Konstruktreliabilität	0,904
Vorhersagevalidität	
Stone-Geissers Q^2	0,5005
Unidimensionalität	erfüllt

Tabelle 16: Gütekriterien der Operationalisierung des wahrgenommenen Fits

4.3.4 Einstellung zu CSR-Maßnahmen

Die Operationalisierung der Einstellung zu den CSR-Maßnahmen des Unternehmens folgt der Logik der Operationalisierung der Einstellung gegenüber CSR generell. Entnommen wurden die Indikatoren folglich wiederum aus der Studie von *MacKenzie/Lutz* (1989) und lauten demnach *„bad – good“*, *„unpleasant – pleasant“* und *„unfavorable – favorable“*.[432] Entsprechend dem Untersuchungsdesign und -objekt erfolgte eine Modifikation der zur Abfrage des Kon-

[432] Vgl. MacKenzie/Lutz (1989), S. 58.

strukts ausgewählten Items. Auch hier handelt es sich konsequenterweise um eine reflektive Messung, was einem kausalen Wirkungszusammenhang von der latenten Variablen zu ihren Indikatoren impliziert. Die ermittelten Faktorladungen liegen für die drei Indikatoren zwischen 0,9017 und 0,9307 und überschreiten alle das Anforderungsniveau von 0,6. Da außerdem alle t-Werte über 1,66 liegen, sind die Ladungen als signifikant anzusehen. Auf Grund dieser Ergebnisse können alle drei Items für die Operationalisierung des Konstrukts beibehalten werden. Die weitere Überprüfung des Konstrukts auf Messmodellebene bezüglich der Validität, legt eine Betrachtung von DEV und Konstruktreliabilität nahe. Es zeigt sich an Hand des ermittelten Wertes von deutlich größer als 0,7, dass das untersuchte Messmodell hinsichtlich der Konstruktreliabilität positiv zu bewerten ist. Auch die DEV liegt mit einem Wert von 0,836 über dem geforderten Mindestmaß von 0,6 und zeigt damit ein zufriedenstellendes Resultat. Des Weiteren ist die Diskriminanzvalidität sowie die Unidimensionalität erfüllt. Die Vorhersagevalidität liegt mit 0,6232 weit über Null. Die folgende *Tabelle 18* gibt einen Überblick über die beschriebenen Gütekriterien.

Indikatoren	*Faktorladung*	*t-Wert*
Indikator 1: Die Maßnahmen von IKEA finde ich gut.	0,9307	78,1796
Indikator 2: Ich finde die Maßnahmen von IKEA sympathisch.	0,9107	39,9738
Indikator 3: Ich finde die Maßnahmen von IKEA vorteilhaft.	0,9017	44,8095

Tabelle 17: Operationalisierung der Einstellung gegenüber den konkreten CSR-Maßnahmen

Gütekriterien	*CSR-Modell*
Diskriminanzvalidität	
Fornell-Larcker Kriterium	erfüllt
Konvergenzvalidität	
Durchschnittlich erfasste Varianz (DEV)	0,836
Konstruktreliabilität	0,939
Vorhersagevalidität	
Stone-Geissers Q^2	0,6232
Unidimensionalität	erfüllt

Tabelle 18: Gütekriterien der Operationalisierung der Einstellung gegenüber den konkreten CSR-Maßnahmen

4.3.5 Einstellung gegenüber dem Unternehmen

Zur Messung der Einstellung zum Unternehmen kommen wiederum die Items von *MacKenzie/Lutz* (1989) zum Einsatz, welche auch zur Operationalisierung der Einstellung gegenüber CSR generell und der Einstellung zu den konkreten CSR-Maßnahmen verwendet wurden. Demnach lauten die verwendeten Indikatoren auch hier *„bad – good“*, *„unpleasant – pleasant“* und *„unfavorable – favorable“*.[433] Da die Indikatoren stark miteinander korrelieren und eine Änderung des Einstellungskonstrukts sich auf alle Indikatoren auswirkt, ist die Operationalisierung wiederum reflektiv vorzunehmen. *Tabelle 19* stellt die Indikatoren für die Einstellungsmessung dar.

Indikatoren	*Faktorladung*	*t-Wert*
Indikator 1: IKEA finde ich gut.	0,9332	99,8398
Indikator 2: Ich finde IKEA sympathisch.	0,9140	54,3661
Indikator 3: Ich finde IKEA vorteilhaft.	0,8880	43,3153

Tabelle 19: Operationalisierung der Einstellung gegenüber dem Unternehmen

Die Faktorladungen und die t-Werte der Items genügen den Anforderungen in vollem Umfang. Die Überprüfung der weiteren Kriterien zeigt, dass das untersuchte Konstrukt geeignet ist, die zu ihm in Beziehung stehenden Indikatoren zu erklären. Die DEV übertrifft mit einem Wert von 0,832 das Mindestmaß von 0,6 und spricht in Kombination mit der erfüllten Faktorreliabilität für die Konvergenzvalidität des Konstrukts.

Auch das zur Beurteilung der Diskriminanzvalidität herangezogene Fornell-Larcker-Kriterium ist erfüllt, wie auch die Vorhersagevalidität des Messmodells mit einem Wert von 0,6140. Jedoch liegt keine perfekte Unidimensionalität vor, weil die Einstellung zu dem Unternehmen und das Konstrukt der Kaufabsicht geringe Kreuzladungen aufweisen. *Tabelle 20* stellt die Ergebnisse der Gütekriterien dar.

[433] Vgl. MacKenzie/Lutz (1989), S. 58.

Gütekriterien	*CSR-Modell*
Diskriminanzvalidität Fornell-Larcker Kriterium	erfüllt
Konvergenzvalidität Durchschnittlich erfasste Varianz (DEV) Konstruktreliabilität	0,832 0,937
Vorhersagevalidität Stone-Geissers Q^2	0,6140
Unidimensionalität	nicht perfekt erfüllt

Tabelle 20: Gütekriterien der Operationalisierung der Einstellung gegenüber dem Unternehmen

4.3.6 Kaufabsicht

Die Kaufabsicht stellt in der vorliegenden Studie das Zielkonstrukt dar und drückt den Willen aus, sich in einem spezifischen Bezugsrahmen auf eine bestimmte Art und Weise einem Objekt gegenüber zu verhalten.[434] Die Ansätze zur Operationalisierung des Kaufabsichtskonstrukts sind zumeist auf *Ajzen* und *Fishbein* zurückzuführen,[435] wobei hier eine Messung anhand eines Items erfolgt. In dieser Studie wird das Kaufabsichtskonstrukt in Anlehnung an *Magin* (2004) durch zwei Items gemessen, die sich in ihrer Studie über Markenwahlverhalten als reliabel und valide bewährt haben.[436] Nach einer Anpassung der Skala auf das interessierende Phänomen lautet die Frage „Werden Sie IKEA Möbel zukünftig kaufen?“ mit den zwei zur bewerteten Aussagen „sehr wahrscheinlich“ und „sehr gut möglich“. Da im vorliegenden Fall die Indikatoren ein Abbild des Gesamtkonstrukts Kaufabsicht darstellen, verläuft die Kausalität von der latenten Variable zu den Indikatoren, so dass das Kaufabsichtskonstrukt als reflektiv anzusehen ist. Die Resultate der Schätzung bezüglich t-Werten und Faktorladungen sind der folgenden *Tabelle 21* zu entnehmen.

Die Schätzungen ergeben für beide Items sehr zufriedenstellende Ergebnisse. Die Richtwerte für die t-Werte von 1,66 und für die Faktorladungen von 0,6 werden deutlich überschritten. Auch die Überprüfung der weiteren Gütekriterien entspricht den Anforderungen an reflektive Messmodelle. So übersteigt die durchschnittlich erfasste Varianz (DEV) mit 0,962 das gefor-

[434] Vgl. Ajzen/Fishbein (1980), S. 5.
[435] Vgl. Bruner/James/Hensel (2001), S. 103.
[436] Vgl. Magin (2004), S. 173 f.

derte Mindestmaß von 0,6 und die Konstruktreliabilität mit 0,980 den Grenzwert von 0,7 deutlich. Die durch das Fornell-Larcker-Kriterium zu prüfende Diskriminanzvalidität ist ebenfalls gewährleistet, da die höchste quadrierte Korrelation deutlich kleiner als die DEV der reflektiven Konstrukte ist. Vorhersagevalidität liegt ebenfalls vor. Die Unidimensionalität ist wie bereits angedeutet aufgrund der geringen Kreuzladungen mit der Einstellung zum Unternehmen nicht vollständig gewährleistet. *Tabelle 22* stellt alle Gütekriterien im Überblick dar

Indikatoren	*Faktorladung*	*t-Wert*
Indikator 1: Sehr wahrscheinlich.	0,9802	250,7201
Indikator 2: Sehr gut möglich.	0,9810	274,2470

Tabelle 21: Operationalisierung der Kaufabsicht

Gütekriterien	*CSR-Modell*
Diskriminanzvalidität	
Fornell-Larcker Kriterium	erfüllt
Konvergenzvalidität	
Durchschnittlich erfasste Varianz (DEV)	0,962
Konstruktreliabilität	0,980
Vorhersagevalidität	
Stone-Geissers Q^2	0,6828
Unidimensionalität	nicht perfekt erfüllt

Tabelle 22: Gütekriterien der Operationalisierung der Kaufabsicht

4.3.7 Preispremiumbereitschaft

Das Konstrukt Preispremiumbereitschaft beschreibt, inwiefern die Probanden auf Grund der CSR-Maßnahmen des Unternehmens einen höheren Preis für die Produkte zu zahlen bereit sind.[437] Für diese Studie wurde die Operationalisierung der Preispremiumbereitschaft mit der deutschen Übersetzung eines Indikators aus der Studie von *Rao/Monroe* (1996) durchgeführt „*I pay a price that is higher than the competitive market price*“.[438] Weil das Inventar aus lediglich einem Indikator besteht und die Faktorladung des Items zwangsläufig bei Eins liegt,

[437] Vgl. Kapitel 3.2.4.
[438] Vgl. Rao/Monroe (1996), S. 525.

ist die Unterscheidung zwischen einem formativen oder reflektiven Messmodell unerheblich und eine Betrachtung weiterer Prüfkriterien aus diesem Grund unnötig beziehungsweise nicht möglich. *Tabelle 23* stellt das Messmodell für das Konstrukt Preispremium dar.

Indikator	*Faktorladung*	*t-Wert*
Indikator: Ich bin bereit für IKEA Möbel einen Preis zu bezahlen, der höher ist als der übliche Marktpreis.	1,0000	0,0000

Tabelle 23: Operationalisierung der Preispremiumbereitschaft

4.4 Beurteilung des Strukturmodells

4.4.1 Schätzung für die gesamte Stichprobe

Auf Basis der Konstruktoperationalisierungen soll nun das im Vorfeld durch theoretische Überlegungen entwickelte Hypothesensystem empirisch überprüft werden. Die Schätzung der Beziehungen innerhalb des vorliegenden Strukturmodells dient zur Verifizierung der theoretisch abgeleiteten Hypothesen und damit zur Identifizierung der Wirkung von strategischen CSR-Maßnahmen. Das Ergebnis dieser Schätzung sind die so genannten Strukturparameter beziehungsweise Pfadkoeffizienten, welche die Stärke des Zusammenhangs der Modellkonstrukte wiedergeben. Für die Überprüfung des Modells mit den generierten, empirischen Daten werden im Folgenden die in Kapitel 4.1.4 vorgestellten Prüfkriterien für das Strukturmodell herangezogen. Neben der Beurteilung der Pfadkoeffizienten und deren Signifikanzwerte sind dies der Determinationskoeffizient R^2, das Multikollinearitätsmaß VIF sowie Stone-Geissers Q^2 als Maßzahl für die Vorhersagevalidität.[439]

Aufschluss über die Zusammenhänge der Konstrukte gibt die Höhe der Pfadkoeffizienten sowie ihre statistischen Signifikanzen auf Basis der t-Werte,[440] die mit Hilfe der Bootstrapping-Prozedur berechnet werden. Des Weiteren ist die theoretische Plausibilität der geschätzten Werte zu kontrollieren. Es gilt darüber hinaus zu prüfen, inwieweit oder in welchem Ausmaß die Varianz eines Zielkonstrukts durch ein kausal vorgelagertes Konstrukt erklärt wird. Hierzu kann der von der Regressionsanalyse bekannte Determinationskoeffizient R^2 herangezogen werden. Er kann für alle endogenen Konstrukte berechnet werden. Im vorliegenden Modell

[439] Vgl. Tabelle 8 in Kapitel 4.1.4.
[440] Vgl. Herrmann/Huber/Kressmann (2004), S. 25 f.

sind dies die Konstrukte Einstellung zu den CSR-Maßnahmen, Einstellung zu dem Unternehmen, Kaufabsicht und Preispremiumbereitschaft.

Abbildung 14 stellt die Resultate der Schätzung dar. Darin enthalten sind die Pfadkoeffizienten mit den jeweiligen t-Werten in Klammern und dem R^2 für die endogenen Konstrukte.

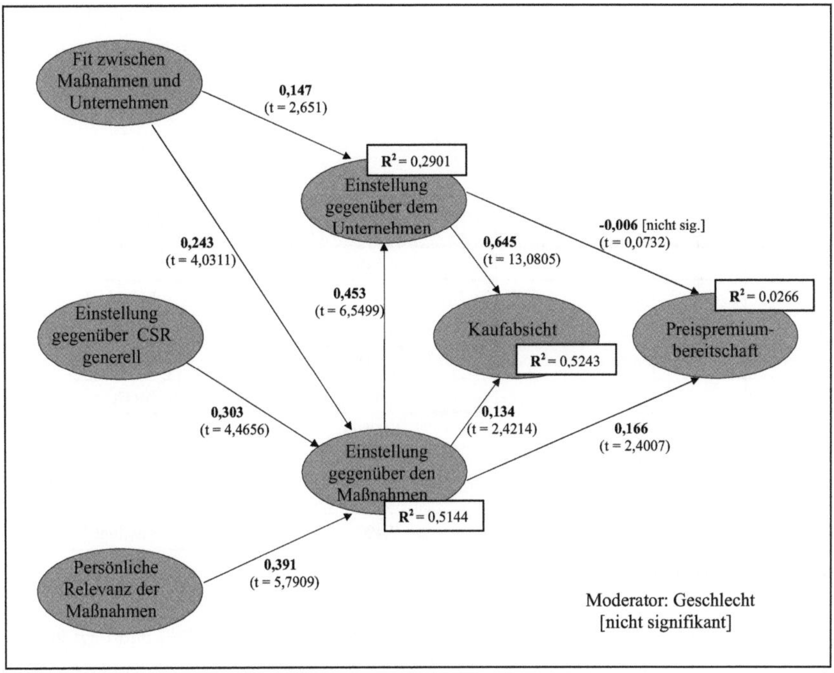

Abbildung 14: Ergebnisse der PLS Schätzung auf Strukturmodellebene

Der erklärte Varianzteil (R^2) des Zielkonstrukts *Kaufabsicht* durch die Determinanten Einstellung zu IKEA und Einstellung zu den CSR-Maßnahmen beträgt 0,5243 (52,43 %) und überschreitet damit den geforderten Mindestwert von 0,3 bei Weitem. Hierbei weist die *Einstellung zu IKEA* mit einem Pfadkoeffizienten (Strukturparameter) von 0,645 einen größeren Einfluss auf die Kaufabsicht auf als die *Einstellung zu den CSR-Maßnahmen* mit einem Wert von 0,134. Die t-Werte dieser beiden Pfadkoeffizienten betragen 13,0805 und 2,4214, so dass sich beide Einflüsse mit 5%-iger Irrtumswahrscheinlichkeit als signifikant erweisen.

Die *Einstellung zu den CSR-Maßnahmen* weist die zweithöchste Varianzaufklärung des gesamten Modells auf. Der erklärte Varianzanteil der Einstellung zu den CSR-Maßnahmen durch die Konstrukte *persönliche Relevanz*, *Einstellung gegenüber CSR generell* und *Fit* beträgt 0,5144 (51,44%). Hierbei hat die persönliche Relevanz mit einem Strukturparameter von 0,391 den stärksten Einfluss, die Einstellung gegenüber CSR generell weist einen Wert von 0,303 auf und der Fit übt einen Einfluss von 0,243 auf das nachgelagerte Konstrukt auf. Die t-Werte der Variablen überschreiten mit 5,7909 und 4,4656 sowie 4,0311 deutlich den geforderten Mindestwert von 1,98 für eine Irrtumswahrscheinlichkeit von 5 %. Demnach sind alle drei Einflüsse als signifikant anzusehen. *Tabelle 24* stellt die Strukturparameter und die t-Werte für die Zusammenhänge dar.

Hypothese	***Strukturparameter***	***t-Wert***	***Ergebnis***
H_1:	0,453	6,5499	bestätigt
H_2:	0,303	4,4656	bestätigt
H_3:	0,391	5,7909	bestätigt
H_4:	0,243	4,0311	bestätigt
H_5:	0,147	2,6510	bestätigt
H_6:	0,645	13,0805	bestätigt
H_7:	0,134	2,4214	bestätigt
H_8:	-0,006	0,0732	nicht bestätigt
H_9:	0,166	2,4007	bestätigt

Tabelle 24: Ergebnisse der Hypothesenüberprüfung

Der erklärte Varianzanteil der *Einstellung zu IKEA* beträgt 0,2901 (29,01%) und liegt knapp unter dem Wert von 0,3. Hier hat die *Einstellung zu den CSR-Maßnahmen* mit 0,453 den stärksten Einfluss, gefolgt vom *Fit* mit 0,147. Bei t-Werten von 6,5499 und 2,651 sind die Einflüsse dieser beiden Variablen als signifikant zu erachten. Das zu geringe R^2 ist allerdings als nicht allzu kritisch anzusehen, da das primäre Ziel der vorliegenden Untersuchung nicht die umfassende Erklärung dieses Konstrukts ist. Vielmehr interessierte die grundsätzliche Existenz einer Beziehung im Sinne des besseren Verständnisses der Realität. Das Konstrukt *Preispremiumbereitschaft* weist mit einem R^2 von 0,0266 die niedrigste Varianzerklärung im Modell auf. Die *Einstellung zur CSR-Maßnahme* ist dabei auch hier mit einem Pfadkoeffizienten von 0,1660 von größter Bedeutung im Vergleich zu den übrigen berücksichtigten

Konstrukten. Der t-Wert dieses Einflusses beträgt 2,4007 und ist somit signifikant. Den schwächsten Einfluss im gesamten Modell weist die *Einstellung zu IKEA* auf die Preispremiumbereitschaft mit einem Strukturparameter von -0,006 auf. Der dazugehörige t-Wert von 0,0732 unterschreitet den geforderten Mindestwert eindeutig, was gleichbedeutend mit einen nicht vorhandenen Einfluss ist.

Über die bisher betrachteten Gütemaße hinaus beinhaltet das Instrumentarium zur Beurteilung von Strukturmodell-schätzungen mittels PLS mit dem Multikollinearitätsmaß VIF und Stone-Geissers Q^2 zur Vorhersagevalidität endogener reflektiver Konstrukte weitere Prüfkriterien. In diesem Modell sind dies die Konstrukte *Einstellung zur CSR-Maßnahme*, *Einstellung zu IKEA*, *Preis-premiumbereitschaft* und *Kaufabsicht* auf das Vorliegen einer Multikollinearität zu prüfen. Die dafür berechneten Variance Inflations Factors (VIF) liegen alle unter dem kritischen Wert von Zehn, so dass in diesem Modell nicht von Multikollinearität auszugehen ist. Hinsichtlich der von Stone-Geisser vorgeschlagenen Prüfgröße Q^2, die als Indikator für die Vorhersagequalität auf Strukturmodellebene herangezogen werden kann, sind folgende Konstrukte zu evaluieren: *Einstellung zu den CSR-Maßnahmen*, *Einstellung zu IKEA*, *Preispremiumbereitschaft* und *Kaufabsicht*. Wie erinnerlich kann den Konstrukten bei einem Q^2 größer als 0 Vorhersagevalidität zugeschrieben werden. Mit Ausnahme der Preispremiumbereitschaft erfüllen sämtliche Konstrukte diese Anforderung. *Tabelle 25* zeigt einen Überblick über die Werte der Gütekriterien R^2, Q^2 und VIF auf Strukturmodellebene.

Modellkonstrukt	*Determinationskoeffizient R^2*	*Multikollinearität VIF*	*Vorhersagevalidität Q^2*
Persönliche Relevanz	–	–	–
Einstellung CSR	–	–	–
Fit	–	–	–
Einstellung Maßnahmen	0,5144	< 10	0,3547
Einstellung IKEA	0,2901	< 10	0,0686
Kaufabsicht	0,5243	< 10	0,4388
Preispremiumbereitschaft	0,0266 (nicht erfüllt)	< 10	-0,7286 (nicht erfüllt)

Tabelle 25: Gütekriterien der Strukturmodellschätzung

Aufgrund der fast vollumfänglichen Bestätigung der Hypothesen, der weitgehenden Erfüllung der übrigen Gütekriterien sowie dem hohen Erklärungsgehalt der Zielkonstrukte durch die vorgelagerten Größen kann die Konfrontation des theoretischen CSR-Modells mit den empirischen Daten des Unternehmens IKEA als zufriedenstellend bezeichnet werden. Im weiteren Verlauf der Studie gilt es nun mittels eines geeigneten Vorgehens bei der Auswertung der postulierten Hypothesen zur Wirkung des Geschlechts gerecht zu werden.

4.4.2 Gruppenvergleich zur Überprüfung des Einflusses des Geschlechts

Im nächsten Schritt wird überprüft, ob das Geschlecht der Konsumenten einen moderierenden Effekt auf die Beziehungen zwischen den Konstrukten im postulierten Modell ausübt. Für die Prüfung des Vorliegens eines Einflusses einer nominal skalierten, moderierenden Variablen auf die Modellbeziehungen bietet sich der Gruppenvergleich nach *Chin* (2000) an.[441] Es wird dabei ein für unterschiedliche Erhebungspopulationen geschätztes Modell auf Unterschiede in den Schätzern untersucht. Die Berechnung des t-Wertes für die Bestimmung des Vorliegens signifikanter Abweichungen erfolgt durch die folgende Formel:

$$t = \frac{p_x^1 - p_x^2}{S * \sqrt{\frac{1}{m} + \frac{1}{n}}} \quad \text{mit} \quad S = \sqrt{\frac{(m-1)^2}{m+n-2} * (\sigma(p_x^1))^2 + \frac{(n-1)^2}{m+n-2} * (\sigma(p_x^2))^2}$$

p_1 bzw. p_2 = zu vergleichende Werte (Strukturparameter)

m bzw. n = Umfang der ersten bzw. zweiten Stichprobe

s_1 bzw. s_2 = Standardfehler

Der Wert folgt einer t-Verteilung mit m+n-2 Freiheitsgraden. Der kritische Wert der Prüfgröße liegt bei 1,98 für eine Irrtumswahrscheinlichkeit von 5 %. *Tabelle 26* stellt die Ergebnisse der t-Tests bezüglich der Differenzen zwischen den Pfadkoeffizienten für die Schätzungen der weiblichen und der männlichen Probanden dar.

[441] Vgl. Chin (2000); Huber/Herrmann/Kressmann/Vollhardt (2004), S. 33 f.

Die t-Werte liegen für alle Zusammenhänge des Modells unter dem kritischen Wert. Folglich existiert kein signifikanter Unterschied zwischen den Geschlechtern und somit keine moderierende Wirkung des Geschlechts. Hypothese 10 kann damit nicht bestätigt werden.

Hypothese	*Strukturparameter*		*t-Wert der Differenz*	*Ergebnis*
	männlich	*weiblich*		
H_1:	0,503	0,397	0,6886	nicht signifikant
H_2:	0,244	0,365	1,1188	nicht signifikant
H_3:	0,444	0,335	0,9619	nicht signifikant
H_4:	0,268	0,231	0,3350	nicht signifikant
H_5:	0,054	0,236	1,5932	nicht signifikant
H_6:	0,556	0,708	1,3978	nicht signifikant
H_7:	0,178	0,097	0,6058	nicht signifikant
H_8:	0,104	-0,113	1,3675	nicht signifikant
H_9:	0,253	0,083	1,0712	nicht signifikant

Tabelle 26: Ergebnisse der Hypothesenüberprüfung der Moderatorvariablen

4.5 Interpretation der Ergebnisse

Im Anschluss an die formale Beurteilung des Kausalmodells steht nun die Interpretation der Ergebnisse im Fokus der Betrachtung. Zunächst soll mit der *Tabelle 27* nochmals ein Überblick hinsichtlich der Hypothesenprüfung gegeben werden. Bis auf die Hypothese 8 und die Moderatorvariable konnten sämtliche Hypothesen bestätigt werden.

Mit einem Pfadkoeffizienten von 0,453 beeinflusst die Einstellung gegenüber den CSR-Maßnahmen die Einstellung zum Unternehmen stark. Diese Beziehung ist die zweitstärkste im gesamten Modell und untermauert damit die Gültigkeit der postulierten Hypothese 1. Diese Erkenntnis steht im Einklang mit bisherigen empirischen Studien, die ebenfalls nachweisen konnten, dass eine CSR-Information positiv auf die Bewertung des Unternehmens durch die Konsumenten wirkt.[442] Dadurch findet auch die Informations-Integrations-Theorie Unterstützung, die von einer Integration interner und damit bestehender Einstellungen mit externen Informationen zu neuen Einstellungen ausgeht.[443] Darüber hinaus stützt diese Erkenntnis die

[442] Vgl. Sen/Bhattacharya (2001), S. 238.
[443] Vgl. Simonin/Ruth (1998), S. 32.

Existenz eines Einstellungstransfers von der Werbemaßnahme auf die Einstellung der beworbenen Marke, wie ihn *MacKenzie/Lutz* (1989) nachgewiesen haben.[444]

Die Hypothesen 2 und 3 des vorliegenden Modells konnten bestätigt werden, wonach die Einstellung der Konsumenten gegenüber CSR generell mit einem Pfadkoeffizienten von 0,303 und die persönliche Relevanz der CSR-Maßnahmen für die Konsumenten mit einem Pfadkoeffizienten von 0,391 positiv und signifikant auf die Einstellung gegenüber den CSR-Maßnahmen von IKEA wirken. Dieses Ergebnis unterstützt die Kernaussage des Elaboration-Likelihood-Modells von *Petty/Cacioppo/Schuman* (1983) bezüglich der zentralen Route der Informationsverarbeitung und der damit verbundenen Einstellungsänderung.[445] Darüber hinaus liefern die Ergebnisse empirische Belege für die Theorie der Generalisierung von Reizen und den damit einhergehenden Einstellungstransfer, wie von *MacKenzie/Lutz* (1989) postuliert.[446]

Eine weitere in diesem Modell als wichtig erachtete Variable stellt der wahrgenommene Fit zwischen dem Unternehmen und den CSR-Maßnahmen dar. Mit einem Pfadkoeffizienten von 0,243 übt dieser einen starken, positiven Einfluss auf die Einstellung gegenüber den CSR-Maßnahmen aus. Durch diesen Einfluss findet auch die vierte Hypothese Bestätigung. Demnach hängt die positive Einstellung der Konsumenten gegenüber den CSR-Maßnahmen des Unternehmens von der persönlichen Relevanz der Maßnahmen, der Einstellung gegenüber CSR generell und dem Fit zwischen dem Unternehmen und den CSR-Maßnahmen ab. Daneben hat der Fit mit einem Pfadkoeffizienten von 0,147 auch einen direkten Einfluss auf die Einstellung zum Unternehmen, wodurch auch die fünfte Hypothese empirisch bestätigt wird. Eine solche Wirkung des Fits auf Einstellungen gegenüber dem Werbenden konnten auch Studien aus der Sponsoringforschung belegen.[447] Der Fit zwischen dem Unternehmen und den CSR-Maßnahmen ist damit ein zentrales und bedeutendes Element, um strategische CSR zu betreiben.[448]

---

444 Vgl. MacKenzie/Lutz (1989), S. 53 ff.
445 Vgl. Petty/Cacioppo/Schuman (1983), S. 137; Kapitel 3.2.1.
446 Vgl. MacKenzie/lutz (1989), S. 53 f.; Kapitel 3.1.2.
447 Vgl. Rifon et al. (2004), S. 29 ff.
448 Vgl. Kapitel 2.1 sowie Kapitel 2.2.

Hypothese	**vermuteter Zusammenhang**	*Ergebnis*
H_1:	Je positiver die Einstellung gegenüber den konkreten CSR-Maßnahmen, desto positiver ist die Einstellung gegenüber dem Unternehmen.	**bestätigt**
H_2:	Je positiver die Einstellung gegenüber CSR generell, desto positiver ist die Einstellung gegenüber den konkreten CSR-Maßnahmen.	**bestätigt**
H_3:	Je höher die persönliche Relevanz der CSR-Maßnahmen, desto positiver ist die Einstellung gegenüber den CSR-Maßnahmen.	**bestätigt**
H_4:	Je größer der wahrgenommene Fit zwischen Maßnahmen und Unternehmen, desto positiver ist die Einstellung gegenüber den CSR-Maßnahmen.	**bestätigt**
H_5:	Je größer der wahrgenommene Fit zwischen Maßnahmen und Unternehmen, desto positiver ist die Einstellung gegenüber dem Unternehmen.	**bestätigt**
H_6:	Je positiver die Einstellung gegenüber dem Unternehmen, desto höher ist die Kaufabsicht.	**bestätigt**
H_7:	Je positiver die Einstellung zu den CSR-Maßnahmen, desto höher ist die Kaufabsicht.	**bestätigt**
H_8:	Je positiver die Einstellung gegenüber dem Unternehmen, desto höher ist die Preispremiumbereitschaft.	**nicht bestätigt**
H_9:	Je positiver die Einstellung zu den CSR-Maßnahmen, desto höher ist die Preispremiumbereitschaft.	**bestätigt**
H_{10}:	Das Geschlecht der Konsumenten beeinflusst die Beziehungen zwischen den Konstrukten.	**nicht bestätigt**

Tabelle 27: Ergebnis der Hypothesenprüfung

Das Konstrukt Einstellung zum Unternehmen wird durch die beiden Konstrukte Fit und Einstellung gegenüber der CSR-Maßnahme lediglich mit einem R^2 von 29,01% erklärt. Dieses Ergebnis ist jedoch nicht weiter verwunderlich, da noch weitere Determinanten, wie z. B. der funktionale Nutzen, existieren, die einen Einfluss auf die Einstellung zu einem Unternehmen ausüben.[449] Im hier vorliegenden Fall einer Analyse des Möbelherstellers IKEA scheint zudem auch das Design der Produkte ein zentraler Einflussfaktor für die Einstellung zum Unternehmen sein.[450] Der Erklärungsgehalt des Konstrukts Kaufabsicht ist mit einem R^2 von 52,43% äußerst zufriedenstellend. Zudem besitzt die Einstellung zum Unternehmen mit einem Pfadkoeffizienten von 0,645 einen positiven signifikanten Einfluss auf die Kaufabsicht und bestätigt damit die sechste Hypothese. Diese Erkenntnis unterstützt somit auch die E-V-Hypothese.[451] Außerdem hat die Einstellung gegenüber den CSR-Maßnahmen auch einen positiven signifikanten Einfluss auf die Kaufabsicht. Der zugehörige Pfadkoeffizient liegt bei 0,134 und

[449] Vgl. Mittal/Ratchford/Prabhakar (1990), S. 135 ff.
[450] Vgl. Bloch (1995), S. 16 ff.
[451] Vgl. Kapitel 3.1.1.

hat aufgrund des Signifikanz anzeigenden t-Wertes die Bestätigung der siebten Hypothese zur Folge. Zusätzlich konnte gezeigt werden, dass die Einstellung gegenüber den CSR-Maßnahmen einen positiven Einfluss auf die Preispremiumbereitschaft ausübt. Mit einem Pfadkoeffizienten von 0,166 konnte dadurch auch die neunte Hypothese bestätigt werden. Dagegen fand die Wirkung der Einstellung zum Unternehmen auf das Preispremium keine Bestätigung. Somit ist diese Beziehung zwischen diesen beiden Konstrukten nicht signifikant, was die Ablehnung der achten Hypothese zur Folge hat. Möglicherweise liegt die Ablehnung dieser Beziehung daran, dass das ausgewählte Unternehmen IKEA bekannt dafür ist, Möbel zu einem niedrigen und erschwinglichen Preis anzubieten.

Die zehnte Hypothese, bei der von einer moderierenden Wirkung des Geschlechts der Konsumenten auf die Beziehungen zwischen den Konstrukten ausgegangen wird, musste ebenfalls abgelehnt werden. Es gibt in dem hier untersuchten Fall foglich keine signifikanten Unterschiede bezüglich der Modellzusammenhänge zwischen den Geschlechtern. Dies widerspricht den Erkenntnissen einiger bestehender Arbeiten, die einen deutlichen Unterschied zwischen Frauen und Männern in Bezug auf den ethischen Konsum zeigen konnten.

Alles in allem ist die Erkenntnis einer signifikanten Beeinflussung der Einstellung zum Unternehmen und der Kaufabsicht durch die Einstellung gegenüber den CSR-Maßnahmen eine Bestätigung für den Beitrag strategischer CSR-Maßnahmen zum Unternehmenserfolg. Die generierten Erkenntnisse sollen im nachfolgenden Abschnitt für die Ableitung von Handlungsempfehlungen für die Marketingpraxis und die Marketingforschung herangezogen werden.

4.6 Implikationen für Marketingpraxis und -forschung

Die Resultate der vorliegenden Studie zeigen, dass strategische CSR-Maßnahmen den Unternehmenserfolg steigern und eine Quelle für Wettbewerbsvorteile sein können. Wenn CSR-Maßnahmen in die Wertschöpfungskette und in die Strategie eines Unternehmens integriert werden, kann ein Unternehmen sein Image verbessern, eine größere Anzahl an Produkten abverkaufen und gleichzeitig seine Produkte zu einem höheren Preis verkaufen. Als zentral für den Erfolg konnten dabei die persönliche Relevanz der Maßnahmen für die Konsumenten, die Einstellung gegenüber CSR generell und der Fit zwischen den Maßnahmen und dem Unternehmen identifiziert werden. Neben der direkten Wirkung der CSR-Maßnahmen wirken die

Maßnahmen auch indirekt über die Einstellung zum Unternehmen auf die Erfolgsgröße Kaufabsicht.

Die Einstellung der Konsumenten gegenüber CSR generell spielt eine wichtige Rolle in der Beurteilung der konkreten CSR-Maßnahmen eines Unternehmens. Denn diejenigen Konsumenten, die gesellschaftliches Engagement von Unternehmen grundsätzlich positiv bewerten, werden auch konkrete CSR-Maßnahmen eines Unternehmens in der gleichen Weise beurteilen. Unternehmen sollten aus diesem Grund vor der Realisierung einer Kampagne untersuchen, wie die jeweils regional präsenten Konsumenten gegenüber gesellschaftlichen Engagements von Unternehmen hinsichtlich konkreter Anliegen eingestellt sind.

Die persönliche Relevanz der CSR-Maßnahmen für die Konsumenten ist ebenfalls eine bedeutende Determinante der Einstellung gegenüber den durchgeführten CSR-Maßnahmen. Daher sollten Unternehmen gesellschaftliche Themen für ihre Engagements wählen, die die Konsumenten persönlich betreffen und an denen sie folglich ein großes Interesse haben. Eine Konzentration auf die wichtigsten Themen erscheint daher sinnvoll zu sein, so lange diese in das Portfolio, gemessen an den Wertkettenaktivitäten, von Unternehmen passen. Problematisch ist dabei, dass infolgedessen die Anzahl der Branchen und Unternehmen, die ihren Wettbewerbsvorteil auf ähnlichen gesellschaftlichen Wertangeboten aufzubauen versuchen, stetig ansteigt.

Eine zentrale Bedeutung bei der Auswahl und Durchführung von strategischen CSR-Maßnahmen kommt auch dem wahrgenommenen Fit zwischen den CSR-Maßnahmen und dem Unternehmen zu. Dieser übt eine positive Wirkung sowohl auf die Beurteilung der CSR-Maßnahmen, als auch auf die Einstellung der Konsumenten zu dem Unternehmen aus. Folglich ist es von großer Relevanz für den Erfolg eines Unternehmens mit CSR-Maßnahmen, dass solche gesellschaftlichen Themen ausgewählt werden, die zu ihrer Geschäftsstrategie passen. Unter Berücksichtigung der unternehmensindividuellen Wertschöpfungskette müssen CSR-Maßnahmen und das tägliche Geschäft untrennbar miteinander verbunden sein. Je enger ein gesellschaftliches Thema mit der Tätigkeit des Unternehmens verbunden ist, desto größer ist der Nutzen für das Unternehmen. Dies ist auch auf die damit verbundene Glaubwürdigkeit zurückzuführen. Zusätzlich sollte ein Unternehmen durch entsprechende Kommunikationsmaßnahmen die Kongruenz zwischen den gesellschaftlichen Maßnahmen und dem Unternehmen unterstreichen. Der Konsument muss die Verbindung der Kernkompetenz mit den CSR-Maßnahmen und damit den sinnvollen Beitrag des Unternehmens für die Gesellschaft auf einfache Weise erkennen können.

Strategische CSR unterscheidet sich von anderen CSR-Aktionen, wie z. B. Cause-Related Marketing, dadurch, dass der gesellschaftliche Nutzen größer ist und einzigartig durch das sich engagierende Unternehmen generiert wird. Der Mehrwert von Cause-Related Marketing im Vergleich zu den Aktivitäten anderer Unternehmen oder Privatpersonen ist für den Konsumenten nämlich nicht erkennbar.

Einigen Studien zufolge weisen Frauen eine höhere soziale Orientierung auf als Männer, so dass weibliche Konsumenten ihr Kaufverhalten eher nach ethischen Gesichtspunkten ausrichten. Die Erkenntnisse aus der vorliegenden Untersuchung können die Annahme nicht bestätigen. Demnach ist bei Aktivitäten bezüglich des strategischen CSR im Rahmen des vorliegenden Untersuchungsobjekts kein Unterschied zwischen den Geschlechtern in der Kommunikation der Kampagne oder ähnlichem zu machen. CSR führt folglich bei Unternehmen mit sowohl weiblichen als auch männlichen Käuferschichten zu identischen Resultaten.

Neben den Implikationen für die Marketingpraxis soll in diesem Kapitel auch eine Zusammenfassung der für die Forschung generierten Erkenntnisse erfolgen. In der vorliegenden Studie wurde ein Modell hergeleitet, das erstmalig die Wirkung von strategischen CSR-Maßnahmen entlang der Wertschöpfungskette eines Unternehmens empirisch untersucht. Das Konstrukt Einstellung gegenüber den konkreten CSR-Maßnahmen ist eine zentrale und wichtige Größe im vorliegenden Modell. Der Varianzanteil von 51,44 % deutet dabei auf die Existenz weiterer im Modell nicht berücksichtigter Einflussgrößen hin, die den Erklärungsgehalt der Einstellung gegenüber CSR-Maßnahmen weiter verbessern würden. Auf diese Weise ist die Identifikation weiterer hilfreicher Implikationen für die Praxis möglich. Zudem konnte das Konstrukt Preispremiumbereitschaft in dem postulierten Modell nicht ausreichend erklärt werden. Zukünftige Forschung sollte an dieser Stelle anknüpfen, um weitere Stellschrauben zur Gewährleistung der Aufpreisbereitschaft durch gesellschaftliches Engagement aufzudecken.

Speziell für die Unternehmung IKEA wäre es von Interesse, als weiteres Untersuchungsobjekt die Marke Habitat, welche Bestandteil des IKEA-Markenportfolios ist, zu analysieren. Zudem erfolgte eine kurzfristige Betrachtung der Wirkungen von CSR, da die Probanden in dem Fragebogen ihre spontanen Eindrücke angeben mussten. Weitere Studien könnten Untersuchungen über die langfristigen Auswirkungen von strategischen CSR-Maßnahmen auf das Unternehmensimage und die Gewinnentwicklung durchführen. Für zukünftige Forschungsarbeiten lassen sich aber noch weitere Ansatzpunkte für die vorliegende Studie identifizieren. Offene Forschungsfragen betreffen die folgenden Themen:

Um die Generalisierbarkeit der Aussagen zu steigern, sollten zukünftige Studien mit weiteren sowohl fiktiven als auch realen Beispielen die Ergebnisse der vorliegenden Studie fundieren. Denkbar wären dabei neben weiteren Unternehmen aus der Möbelbranche auch die Durchführung von Studien anhand anderer Branchen, wie z. B. Konsumgüter, Gebrauchsgüter und Dienstleistungen. Die Durchführung dieser Studien mit einer noch größeren Anzahl von Probanden wäre dabei von Vorteil. In der durchgeführten Studie wurde das Geschlecht der Konsumenten als Moderatorvariable untersucht, wobei ein signifikanter Unterschied nicht festgestellt werden konnte. Zukünftige Studien könnten weitere moderierende Größen untersuchen, wie z. B. das Wissen der Konsumenten über konkrete, mit den Maßnahmen eines Unternehmens verbundene, gesellschaftliche Probleme.

Mögliche weitere Forschungsarbeiten könnten zudem die Zielgröße des Modells variieren und die vollumfängliche Wirkung von strategischen CSR-Maßnahmen auf die Markenloyalität bereits vorhandener Kunden eines Unternehmens in den Mittelpunkt stellen. Des Weiteren ist von Interesse, unterschiedliche Arten gesellschaftlichen Engagements von Unternehmen miteinander zu vergleichen. So z. B. Unternehmen, die unterschiedliche Formen gesellschaftlichen Engagements mit gleichen Produkten betreiben.

5 Schlussbetrachtung

Aufgrund der steigenden Bedeutung von gesellschaftlichen Engagements der Wirtschaft in den Augen der Konsumenten, bedienen sich immer mehr Unternehmen unterschiedlichen CSR-Maßnahmen. Um die gesellschaftlichen und ihre wirtschaftlichen Ziele zu verknüpfen, versuchen einige Unternehmen mittlerweile eine strategische Ausrichtung von CSR zu betreiben. Hierbei werden CSR-Aktivitäten in die Wertschöpfungskette integriert und nur solche Maßnahmen durchgeführt, die zur jeweiligen Unternehmensstrategie passen. Aufgrund der wachsenden Entwicklung von solchen CSR-Maßnahmen interessieren die Wirkungszusammenhänge und die Erfolgsfaktoren von strategischer CSR.

Bezüglich der Wirkung solcher strategischer CSR-Maßnahmen wurde bisher nur wenig Forschungsarbeit geleistet. Vor diesem Hintergrund wurde ein Modell entwickelt, das wichtige Determinanten der Einstellung gegenüber CSR-Maßnahmen beinhaltet. Gleichzeitig werden die Folgen der Einstellung gegenüber CSR-Maßnahmen auf die Beurteilung des Unternehmens, die Kaufabsicht und die Aufpreisbereitschaft durch die Konsumenten untersucht. Anschließend wurde das entwickelte Modell anhand von empirischen Daten überprüft.

Als direkte Einflussgrößen der Beurteilung der strategischen CSR-Maßnahmen konnten die Einstellung der Konsumenten gegenüber CSR generell, die persönliche Relevanz des Themas und der wahrgenommene Fit zwischen den CSR-Maßnahmen und dem Unternehmen identifiziert werden. Zusätzlich wurden die Wirkungen der Einstellung gegenüber den strategischen CSR-Maßnahmen auf die Beurteilung des Unternehmens und die Kaufabsicht der Konsumenten nachgewiesen. Daneben konnte auch gezeigt werden, dass die Einstellung gegenüber den strategischen CSR-Maßnahmen die Aufpreisbereitschaft der Konsumenten positiv beeinflusst. Darüber hinaus konnte aufgedeckt werden, dass das Geschlecht der Konsumenten keinen moderierenden Effekt auf die Beziehungen im postulierten Modell ausübt.

Auf der Basis dieser Erkenntnisse wurden abschließend Handlungsempfehlungen für die Marketingpraxis abgeleitet und Ansatzpunkte für die zukünftige Forschung auf diesem Gebiet identifiziert. Um den Erklärungsgehalt der Einstellung gegenüber strategischen CSR-Maßnahmen zu erhöhen, kommt der Identifikation zusätzlicher Einflussgrößen in zukünftigen Forschungsarbeiten eine zentrale Bedeutung zu.

Literaturverzeichnis

Ajzen, I. (1985): From Intentions to Actions: A Theory of Planned Behavior, in: Kuhl, J.; Beckmann, J. (Hrsg.): Action Control, Berlin, S. 11-39.

Ajzen, I. (1993): Attitude Theory and the Attitude-Behavior Relation, in: Krebs, D.; Schmidt, P. (Hrsg.): New Directions in Attitude Measurement, Berlin, S. 41-57.

Ajzen, I. (2001): Nature and Operation of Attitudes, in: Annual Review of Psychology, Vol. 52, S. 27-58.

Ajzen, I.; Fishbein, M. (1980): Understanding Attitudes and Predicting Social Behavior, Englewood Cliffs (N.J.).

Ackerman, R. W. (1973): How Companies Respond to Social Demands, in: Harvard Business Review, Vol. 51, Nr. 4, S. 88-98.

Ackerman, R.; Bauer, R. (1973): Corporate Social Responsiveness, Virginia.

Adlwarth, W.; Wimmer, F. (1986): Umweltbewusstsein und Kaufverhalten: Ergebnisse einer Verbraucherpanel-Studie, in: Jahrbuch der Absatz- und Verbrauchsforschung, 32. Jg., S. 166-192.

Andreason, A. R. (1996): Profits for Nonprofits: Find a Corporate Partner, in: Harvard Business Review, Vol. 74, Nr. 6, S. 47-69.

Argandona, A. (1998): The Stakeholder Theory and the Common Good, in: Journal of Business Ethics, Vol. 17, S. 1093-1102.

Asendorpf, J. B. (1999): Psychologie der Persönlichkeit, 2. Auflage, Berlin, Heidelberg, New York.

Auger, P.; Burke, P.; Devinney, T. M.; Louviere, J. J. (2003): What Will Consumers Pay for Social Product Features?, in: Journal of Business Ethics, Vol. 42, Nr. 3, S. 281-304.

Backhaus-Maul, H. (2003): Engagementförderung durch Unternehmen in den USA: Über die produktive Balance zwischen Erwerbsarbeit, Familienleben und bürgerschaftlichem Engagement, in: Enquete-Kommission „Zukunft des bürgerschaftlichen Engagements" des Deutschen Bundestages (Hrsg.): Bürgerschaftliches Engagement von Unternehmen, Opladen, S. 85-147.

Backhaus-Maul, H. (2004): Corporate Citizenship im deutschen Sozialstaat, in: Aus Politik und Zeitgeschehen, Beilage zur Wochenzeitung Das Parlament, Vol. B14, S. 23-30.

Backhaus-Maul, H.; Brühl, H. (2003): Bürgergesellschaft und Wirtschaft – zur neuen Rolle von Bürgern, Verwaltung und Unternehmen, in: Backhaus-Maul, H.; Brühl, H. (Hrsg.): Bürgergesellschaft und Wirtschaft – zur neuen Rolle von Unternehmen, Deutsches Institut für Urbanistik, Berlin, S. 9-16.

Backhaus, K.; Erichson, B.; Plinke, W.; Weiber, R. (2003): Multivariate Analysemethoden – Eine anwendungsorientierte Einführung, 10. Auflage, Berlin/Heidelberg/New York.

Bagozzi, R. P. (1980): Causal Models in Marketing, New York.

Bagozzi, R. P. (1982): Introduction to Special Issue on Causal Modeling, in Journal of Marketing Research, Vol. 19, S. 403.

Bagozzi, R. P. (1994): Measurement in Marketing Research: Basic Principles of Questionnaire Design, in: Bagozzi, R. P. (Hrsg.): Principles of Marketing Research, Cambridge (MA)/Oxford, S. 1-49.

Bagozzi, R. P.; Burnkrant, R. B. (1979): Attitude Measurement and Behavior Change: A Reconsideration of Attitude Organization and its Relationship to Behavior, in: Advances in Consumer Research, Vol. 6, Nr. 1, S. 295-302.

Balderjahn, I. (1986): Das umweltbewußte Konsumentenverhalten: Eine empirische Studie, Berlin.

Barney, J. (1991): Firm Resource and Sustained Competitive Advantage, in: Journal of Management, Vol. 17, S. 99-120.

Baron, D. P. (2001): Private Politics, Corporate Social Responsibility, and Integrated Strategy, in: Journal of Economics & Management Strategy, Vol. 10, Nr. 1, S. 7-45.

Baron, D. P. (2003): Business and Its Environment, 4th edition, New Jersey.

Baron, R. M.; Kenny, D. A. (1986): The Moderator-Mediator Variable Distinction in Social Psychological Research: Conceptual, Strategic, and Statistical Considerations, in: Journal of Personality and Social Psychology, Vol. 51, Nr. 6, S. 1173-1182.

Batinic, B. (2001): Datenqualität bei internetbasierten Befragungen, in: Theobald, A.; Dreyer, M.; Starsetzki, T. (Hrsg.): Online-Marktforschung, Wiesbaden, S. 115-132.

Baumgarth, C. (2003): Wirkungen des Co-Branding: Erkenntnisse durch Mastertechnikpluralismus, Wiesbaden.

Baumgarth, C. (2004): Co-Branding, in Handbuch Markenführung. Kompendium zum erfolgreichen Markenmanagement. Strategien – Instrumente – Erfahrungen, Band 1, 2. Auflage, Wiesbaden.

Becker-Olsen, K. L.; Cudmore, B. A.; Hill, R. P. (2006): The Impact of Perceived Corporate Social Responsibility on Consumer Behavior; in: Journal of Business Research, Vol. 59, S. 46-53.

Behrent, M.; Wieland, J. (2003): Corporate Citizenship und strategische Unternehmenskommunikation in der Praxis, München.

Beschorner, T.; Hollstein, B.; König, M.; Lee-Peuker, M.-Y.; Schumann, O. J. (2005): Wirtschafts- und Unternehmensethik: Rückblick-Ausblick-Perspektiven, Mering.

Bhattacharya, C. B.; Sen, S. (2004): Doing Better at Doing Good: When, Why, and How Consumers Respond to Corporate Social Initiatives, in: California Management Review, Vol. 47, No. 1, S. 9-24.

Bloch, P. H. (1995): Seeking the Ideal Form: Product Design and Consumer Response, in: Journal of Marketing, Vol. 59, Nr. 3, S. 16-29.

Bohner, G. (2002): Einstellungen, in: Stroebe et al. (Hrsg.), Berlin, S. 265-315.

Bollen, K. A. (1996): A Limited-Information Estimator for LISREL Models with or without Heteroscedastic Errors, in: Marcoulides, G. A.; Schumacher, R. E. (Hrsg.): Advanced Structural Equation Modeling. Issues and Techniques, Mahwah (NJ), S. 227-241.

Bollen, K. A.; Lennox, R. (1991): Conventional Wisdom on Measurement: A Structural Equation Perspective, in: Psychological Bulletin, Vol. 110, S. 305-314.

Bongard, J. (2002): Werbewirkungsforschung: Grundlagen – Probleme – Ansätze, Münster, Hamburg, London.

Boulstridge, E.; Carrigan, M. (2000): Do Consumers Really Care About Corporate Responsibility? Highlighting the Attitude-Behavior Gap, in: Journal of Communication Management, Vol. 4, Nr. 4, S. 355-368.

Bowen, H. R. (1953): Social Responsibilities of the Businessman, New York.

Boyle, M. E.; Boguslaw, J. (2007): Business, Poverty and Corporate Citizenship – Naming the Issues and Framing Solutions, in: Journal of Corporate Citizenship, Vol. 26, S. 101-120.

Brandt, A.; Hansen, U.; Schrader, U.; Werner, K. (1988): Ökologisches Marketing, Frankfurt/Main.

Braunstein, C. (2001): Die Theorie des geplanten Verhaltens zur Erklärung der Kundenbindung – Ein nichtlineares Kausalmodell, Hochschulschrift, Universität Mainz, Dissertation.

Brenton, S.; ten Hacken, L. (2006): Ethical Consumerism: Are Unethical Labour Practices Important to Consumers?, in: Journal of Research for Consumers, Nr. 11, S. 1-11.

Brockhoff, K. (1979): A Note on External Social Reporting by German Companies: A Survey of 1973 Company Reports, in: Accounting, Organization and Society, Vol. 4, S. 77-85.

Brown, T. J.; Dacin, P. A. (1997): The Company and the Product: Corporate Associations and Consumer Product Responses, in: Journal of Marketing, Vol. 61, Nr. 1, S. 68-84.

Bruhn, M. (2003): Sponsoring: Systematische Planung und integrativer Einsatz, 4. Auflage, Wiesbaden.

Bruner, G. C.; James, K. E.; Hensel, P. J. (2001): Marketing Scales Handbook, Chicago.

Bundesregierung (2002): Perspektiven für Deutschland: Unsere Strategie für eine nachhaltige Entwicklung, Berlin.

Bundesregierung (2004): Perspektiven für Deutschland: Unsere Strategie für eine nachhaltige Entwicklung, Fortschrittsbericht 2004, Berlin.

Business for Social Responsibility (2008): http://www.bsr.org/about/index.cfm, letzter Abruf: 17. Februar 2008.

Cannon, J. P.; Homburg, C. (2001): Buyer-Supplier Relationships and Customer Firm Costs, in Journal of Marketing, Vol. 65, No. 1, S. 29-43.

Carrigan, M.; Attalla, A. (2001): The Myth of the Ethical Consumer – Do Ethics matter in Purchase Behavior?, in: The Journal of Consumer Marketing, Vol. 18, Nr. 7, S. 560-577.

Carroll, A. B. (1979): A Three-Dimensional Conceptual Model of Corporate Performance, in: The Academy of Management Review, Vol. 4, No. 4, S. 497-505.

Carroll, A. B. (1991): The Pyramid of Corporate Social Responsibility: Towards the Moral Management of Organizational Stakeholders, in: Business Horizons (July/August), S. 39-48.

Carroll, A. B. (1996): Business and Society – Ethics and Stakeholder Management, Cincinnati, Ohio.

Carroll, A. B. (1999): Corporate Social Responsibility: Evolution of Definitional Construct, in: Business and Society, Vol. 38, Nr. 3, S. 268-295.

Cassell, D. (2001): Human Rights Business Responsibilities in the Global Marketplace, in: Business Ethics Quarterly, Vol. 11, Nr. 2, S. 261-274.

Chin, W. W. (2000): Frequently Asked Questions – PLS and PLS Graph, http://disc-nt.cba.uh.edu/chin/plsfaq.htm, letzter Abruf: 01. März 2008.

Christensen, C. M.; Overdorf, M. (2000): Meeting the Challenge of Disruptive Change, in: Harvard Business Review, Vol. 78, Nr. 2, S. 66-75.

Christensen, C.; Craig, T.; Hart, S. (2001): The Great Disruption, in: Foreign Affairs, Vol. 80, Nr. 2, S. 80-96.

Cone, C. L.; Feldman, M. A.; DaSilva, A. T. (2003): Causes and Effects, in: Harvard Business Review, Vol. 81, Nr. 7, S. 95-101.

Creyer, E. H.; Ross, W. T. (1997): The Influence of Firm Behavior on Purchase Intention: Do Consumers really care about Business Ethics?, in: Journal of Consumer Marketing, Vol. 14, Nr. 6, S. 421-433.

D'Astous, A.; Bitz, P. (1995): Consumer Evaluations of Sponsorship Programs, in: European Journal of Marketing, Vol. 29, Nr. 12, S. 6-22.

Davis, K. (1960): Can Business Afford to Ignore Corporate Social Responsibilities?, in: California Management Review, Vol. 2, S. 70-76.

Davis, K. (1967): Understanding The Social Responsibility Puzzle, in: Business Horizons, Vol. 10, Nr. 4, S. 45-51.

Davis, K. (1973): The Case for and Against Business Assumption of Social Responsibilities, in: Academy of Management Journal, Vol. 16, Nr.2, S. 312-323.

De Pelsmacker, P.; Driesen, L.; Rayp, G. (2005): Do Consumers Care about Ethics? Willingness to Pay for Fair-Trade Coffee, in: The Journal of Consumer Affairs, Vol. 39, No. 2, S. 363-385.

Dichtl, E.; Hardock, P.; Ohlwein, M.; Schellhase, R. (1997): Die Zufriedenheit des Lebensmittelhandels als Anliegen von Markenartikelunternehmen, in: Die Betriebswirtschaft, Jg. 57, S. 490-505.

Dickson, M. A. (2001): Utility of No Sweat Labels for Apparel Consumers: Profiling Label Users and Predicting Their Purchases, in: The Journal of Consumer Affairs, Vol. 35, Nr. 1, S. 96-119.

Dierkes, M. (1974): Die Sozialbilanz. Ein gesellschaftsbezogenes Informations- und Rechnungssystem, Frankfurt, New York.

Dietzfelbinger, D. (2001): Corporate Citizenship: Baustein zu einer Next Economy, in: Politische Studien, Band 52, S. 64-75.

Diller, H. (1977): Umweltschutz und Marketing, in: Heigl, A. (Hrsg.), Handbuch des Umweltschutzes, Teil M: Betriebswirtschaftliches Umweltschutzmanagement, München, S. 6-19.

Dollar, D.; Kraay, A. (2002): Spreading the Wealth, in: Foreign Affairs, Vol. 81, S. 120-133.

Donaldson, L.; Dunfee, T. W. (1994): Towards a Unified Conception of Business Ethics: Integrative Social Contract Theory, in: Academy of Management Review, Vol. 19, Nr. 2, S. 252-284.

Donaldson, T.; Preston, L. E. (1995): The Stakeholder Theory of the Corporation: Concepts, Evidence, and Implications, in: Academy of Management Review, Vol. 20, Nr. 1, S. 65-91.

Dunfee, T. W. (1999): Corporate Governance in a Market with Morality, in: Law and Contemporary Problems, Vol. 62, Nr. 3, S. 129-157.

Dyckhoff, H. (1992): Betriebliche Produktion: Theoretische Grundlagen einer umweltorientierten Produktionswirtschaft, Berlin.

Dyllick, T. (1984): Das Anspruchsgruppen-Konzept: Eine Methodik zum Erfassen der Umweltbeziehungen der Unternehmung, in: Management-Zeitschrift, Jg. 53, Nr. 2, S. 74-78.

Dyllick, T. (1989): Management der Umweltbeziehungen, Öffentliche Auseinandersetzung als Herausforderung, Wiesbaden.

Dyllick, T.; Hockerts, K. (2002): Beyond the Business Case for Corporate Sustainability, in: Business Strategy and the Environment, Vol. 11, S. 130-141.

Eagly, A. H.; Chaiken, S. (1993): The Psychology of Attitudes, Fort Worth.

Eagly, A. H.; Chaiken, S. (1998): Attitude Structure and Function, in: The Handbook of Social Psychology, 4. Auflage, Boston.

Eggert, A.; Fassot, G. (2003): Zur Verwendung formativer und reflektiver Indikatoren in Strukturgleichungsmodellen, in: Kaiserslauterer Schriftenreihe Marketing, Nr. 20, S.1-24.

Emshoff, J. R.; Freeman, R. E. (1978): Stakeholder Management, in: Working Paper from the Wharton Applied Research Center (July).

Enquete-Kommission (1998): Konzept Nachhaltigkeit. Vom Leitbild zur Umsetzung. Abschlussbericht der Enquete-Kommission „Schutz des Menschen und der Umwelt: Ziele und Rahmenbedingungen einer nachhaltig zukunftsverträglichen Entwicklung" des 13. Deutschen Bundestages, Bonn.

Enquete-Kommission (2002): Bürgerschaftliches Engagement: Auf dem Weg in eine zukunftsfähige Bürgergesellschaft. Bericht der Enquete-Kommission „Zukunft des bürgerschaftlichen Engagements", Bundestags-Drucksache 14/8900, Berlin.

Epstein, E. M. (1989): Business Ethics: Corporate Good Citizenship and the Corporate Social Policy Process: A View from the United States, in: Journal of Business Ethics, Vol. 8, S. 583-595.

Equator Principles (2008): A benchmark for the financial industry to manage social and environmental issues in project financing, http://www.equator-principles.com/, letzter Abruf: 17. Januar 2008.

EU-Kommission (2001): Grünbuch Europäische Rahmenbedingungen für die soziale Verantwortung der Unternehmen, KOM (2001) 366 endgültig, 18.07.2001, Brüssel.

EU-Kommission (2002): Mitteilung der Kommission betreffend die soziale Verantwortung der Unternehmen: Ein Unternehmensbeitrag zur nachhaltigen Entwicklung, KOM (2002) 347 endgültig, 02.07.2002, Brüssel.

Evans, R. (1990): The Earth's New Friends, in: International Management, Vol. 7, S. 26-31.

Fehring, K. M. (1998): Kultursponsoring: Bindeglied zwischen Kultur und Wirtschaft? Eine interdisziplinäre und praxisorientierte Analyse, Freiburg.

Fischer, L.; Wiswede, G. (1997): Grundlagen der Sozialpsychologie, München, Wien

Fischer-Winkelmann, W. F. (1980): Gesellschaftsorientierte Unternehmensrechnung, München.

Fishbein, M; Ajzen, I. (1975): Belief, Attitude, Intention and Behavior: An Introduction to Theory and Research, Reading.

Folkes, V. S.; Kamins, M. A. (1999): Effects of Information About Firms' Ethical and Unethical Actions on Consumers' Attitudes, in: Journal of Consumer Psychology, Vol. 8, Nr. 3, S. 243-259.

Fombrun, C. J. (1997): Three Pillars of Corporate Citizenship: Ethics, Social Benefit, Profitability, in: Tichy, N. M.; McGill, A. R.; St.Clair, L. (Hrsg.): Corporate Global Citizenship: Doing Business in the Public Eye, San Francisco, S. 27-42.

Fombrun, C. J.; Gardberg, N. A.; Barnett, M. L. (2000): Opportunity Platforms and Safety Nets: Corporate Citizenship and Reputational Risk, in: Business and Society Review, Vol. 105, S. 85-106.

Forman, A. M.; Sriram, V. (1991): Attitudinal Differences between Dutch and American Consumers Regarding Ecological Problems and Solutions: An Empirical Investigation, in: Journal of Euromarketing, Vol. 1, Nr. 2, S. 213-232.

Fornell, C.; Cha, J. (1994): Partial Least Squares, in Bagozzi, R. P. (Hrsg.): Advanced Methods of Marketing Research, Cambridge (MA), S.52-78.

Förster, F.; Fritz, W.; Silberer, G.; Raffée, H. (1984): Der LISREL-Ansatz der Kausalanalyse und seine Bedeutung für die Marketing-Forschung, in: Zeitschrift für Betriebswirtschaft, Jg. 54, S. 346-365.

Fort, T. L. (1996): Business as Mediating Institutions, in: Business Ethics Quarterly, Vol. 6, Nr. 2, S. 149-164.

Fort, T. L. (1999): The First Man and the Company Man: The Common Good, Transcendence, and Mediating Institutions, in: American Business Law Journal, Vol. 36, Nr. 3, S. 391-435.

Forte, M.; Lamont, B. T. (1998): The Bottom Line Effects of Greening: Implications of Environmental Awareness, in: Academy of Management, Vol. 12, Nr. 1, S. 89-90.

Frederick, W. C. (1978): From CSR1 to CSR2: The Maturing of Business-and-Society Thought, Working Paper 279, Graduate School of Business, University of Pittsburgh.

Freeman, R. E. (1984): Strategic Management: A Stakeholder Approach, Boston.

Freeman, R. E. (1994): The Politics of Stakeholder Theory: Some Future Directions, in: Business Ethics Quarterly, Vol. 4, Nr. 4, S. 409-429.

Friedman, M. (1970): The Social Responsibility of Business is to Increase its Profits, in: New York Times Magazine, 13.09.1970, S. 32-33, 122, 126.

Friedman, M. (2005): Making Philanthropy Out of Obscenity, in: Reasononline Oct. 2005, http://www.reason.com/news/show/32239.html, letzter Abruf: 12. Dezember 2007.

Garriga, E.; Melé, D. (2004): Corporate Social Responsibility Theories: Mapping the Territory, in: Journal of Business Ethics, Vol. 53, S. 51-71.

Gladwin, T. N.; Kennelly, J. J. (1995): Shifting Paradigms for Sustainable Development: Implications for Management Theory and Research, in: Academy of Management Review, Vol. 20, Nr. 4, S. 874-904.

Glogger, A. (1999): Imagetransfer im Sponsoring: Entwicklung eines Erklärungsmodells, Frankfurt/Main.

Googins, B. (2002): The Journey Towards Corporate Citizenship in the United States Leader or Laggard?, in: Journal of Corporate Citizenship, Vol. 5 (Spring), S. 85-101.

Gujarati, D. N. (2003): Basic Econometrics, 4th edition, Burr Ridge (IL).

Güttler, P. O. (2000): Sozialpsychologie: Soziale Einstellungen, Vorurteile, Einstellungsänderungen, 3. Auflage, München.

Gwinner, K. P.; Eaton, J. (1999): Building Brand Image Through Event Sponsorship: The Role of Image Transfer, in: Journal of Advertising, Vol. 28, Nr. 4, S. 47-57.

Habisch, A. (2003): Corporate Citizenship: Gesellschaftliches Engagement von Unternehmen in Deutschland, Berlin.

Hahn, C. (2002): Segmentspezifische Kundenzufriedenheitsanalyse, Wiesbaden.

Hamman, P.; Erichson, B. (2000): Markforschung, 4. Edition, Stuttgart.

Hansen, U. (1988): Marketing und soziale Verantwortung, in: Die Betriebswirtschaft, Jg. 48, S. 711-721.

Hansen, U.; Schrader, U. (2005): Corporate Social Responsibility als aktuelles Thema der Betriebswirtschaftslehre, in: Die Betriebswirtschaft (DBW), Vol. 65, Nr. 4, S. 373-395.

Hart, S. L.; Christensen, C. M. (2002): The Great Leap. Driving Innovation from the Base of the Pyramid, in: MIT Sloan Management Review, Vol. 44, Nr. 1, S. 51-57.

Hatch, M. J.; Schultz, M. (2003): Bringing the Corporation into Corporate Branding, in: European Journal of Marketing, Vol. 37, Nr. 7/8, S. 1041-1064.

Heal, G. (2005): Corporate Social Responsibility – An Economic and Financial Framework, in: The Geneva Papers, Vol. 30, Nr. 3, S. 387-409.

Heider, F. (1958): The Psychology of Interpersonal Relations, New York.

Hem, L. E.; Lines, R.; Gronhaug, K. (2000): Factors Influencing Perceived Similarity Between Established Brands and Brand Extensions, in: Proceedings of the 29th EMAC Conference, Rotterdam, (CD-ROM).

Herrmann, C. (1999): Die Zukunft der Marke, Frankfurt.

Herrmann, A.; Huber, F.; Kressmann, F. (2004): Partial Least Squares – Ein Leitfaden zur Spezifikation, Schätzung und Beurteilung varianzbasierter Strukturgleichungsmodelle, Arbeitspapier Lehrstuhl für ABWL und Marketing I, Universität Mainz, eingereicht bei: Zfbf, Zeitschrift für betriebswirtschaftliche Forschung.

Herrmanns, A. (1997): Sponsoring: Grundlagen, Wirkungen, Management, Perspektiven, 2. Auflage, München.

Hildebrandt, L. (1984): Kausalanalytische Validierung in der Marketingforschung, in: Marketing ZFP, 6. Jg., S. 41-51.

Hildebrandt, L. (1998): Kausalanalytische Validierung in der Marketingforschung, in: Hildebrandt, L.; Homburg, C. (Hrsg.): Die Kausalanalyse: Ein Instrument der empirischen betriebswirtschaftlichen Forschung, Stuttgart, S. 85-110.

Hillenbrand, C.; Money, K. (2007): So messen Sie, ob sich Gutes lohnt, in: Harvard Business Manager, Jg. 29, Nr.1, S. 36-44.

Hoeffler, S.; Keller, K. L. (2002): Building Brand Equity Through Corporate Social Marketing, in: Journal of Public Policy & Marketing, Vol. 21, Nr. 1, S. 78-89.

Homburg, C. (1992): Die Kausalanalyse – Eine Einführung, in: Wirtschaftswissenschaftliches Studium, Jg. 21, Heft 10, S. 499-508.

Homburg, C.; Dobratz, A. (1998): Iterative Modellselektion in der Kausalanalyse, in: Hildebrandt, L.; Homburg, C. (Hrsg.): Die Kausalanalyse: Ein Instrument der empirischen betriebswirtschaftlichen Forschung, Stuttgart , S. 447-474.

Homburg, C.; Giering, A. (1998): Konzeptionalisierung und Operationalisierung komplexer Konstrukte – Ein Leitfaden für die Marketingforschung, in: Hildebrandt, L.; Homburg, C. (Hrsg.): Die Kausalanalyse: Ein Instrument der empirischen betriebswirtschaftlichen Forschung, Stuttgart, S. 111-146.

Homburg, C.; Pflesser, C. (2000): Strukturgleichungsmodelle mit latenten Variablen: Kausalanalyse, in: Herrmann, A.; Homburg, C. (Hrsg.): Marktforschung, 2. Auflage, Wiesbaden, S. 633-660.

Huang, C. L. (1993): Simultaneous-Equation Model for Estimating Consumer Risk Perceptions, Attitudes, and Willingness-to-Pay for Residue-Free Produce, in: The Journal of Consumer Affairs, Vol. 27, Nr. 2, S. 377-396.

Huber, F. (2007): Werbepolitik und Markenmanagement, Skriptum Lehrstuhl für ABWL und Marketing I, Universität Mainz.

Huber, F.; Herrmann, A.; Kressmann, F.; Vollhardt, K. (2004): Zur Eignung von kovarianz- und varianzbasierten Verfahren zur Schätzung komplexer Strukturgleichungsmodelle, Arbeitspapier Lehrstuhl für ABWL und Marketing I, Universität Mainz.

Huber, F.; Matthes, I.; Vogel, J.; Schmitt, S. (2007): Tue Gutes und rede darüber – Vertrauensbildung durch soziales unternehmerisches Engagement, Arbeitspapier Lehrstuhl für ABWL und Marketing I, Universität Mainz.

Hulland, J. S. (1999): Use of Partial Least Squares (PLS) in Strategic Management Research: A Review of Four Recent Studies, in: Strategic Management Journal, Vol. 20, February, S. 195–204.

Husted, B. W.; Allen D. B. (2000): Is It Ethical to Use Ethics as Strategy?, in: Journal of Business Ethics, Vol. 27, Nr. 1-2, S. 21-32.

Hüttner, M. (1997): Grundzüge der Marktforschung, 5. Auflage, München/Wien.

Jagre, E; Watson, J. J.; Watson, J. G. (2001): Sponsorship and Congruity Theory: A Theoretical Framework for Explaining Consumer Attitude and Recall of Event Sponsorship, in: Advances in Consumer Research, Vol. 28, S. 439-445.

Jarvis, C. B.; MacKenzie, S. B.; Podsakoff, P. M. (2003): A critical Review of Construct Indicators and Measurement Model Misspecification in Marketing and Consumer Research, in: Journal of Consumer Research, Vol. 30, September, S. 199-218.

Jonker, J.; Foster, D. (2002): Stakeholder Excellence? Framing the Evolution and Complexity of a Stakeholder Perspective of the Firm, in: Corporate Social Responsibility and Environmental Management, Vol. 9, Nr. 4, S. 187-195.

Jöreskog, K. G.; Sörbom, D. (1978): LISREL IV: Analysis of Linear Structural Relationship by the method of Maximum Likelihood, Chicago.

Jöreskog, K. G.; Sörbom, D. (1981): LISREL V: Analysis of Linear Structural Relationship by the method of Maximum Likelihood, Chicago.

Jöreskog, K. G.; Sörbom, D. (1993): LISREL 8: Structural Equation Modeling with the SIMPLIS Command Language, Chicago.

Kaas, K. P. (1992): Marketing für umweltfreundliche Produkte: Ein Ausweg aus dem Dilemma der Umweltpolitik? in: Die Betriebswirtschaft, Jg. 52, S. 473-487.

Kaufmann, L.; Ehrgott, M.; Reimann, F. (2008): Der Nutzen anständigen Wirtschaftens, in: Harvard Business Manager, Jg. 30, Nr. 1, S. 6-12.

Keller, K. L. (1993): Conceptualizing, Measuring, and Managing Customer-Based Brand Equity, in: Journal of Marketing, Vol. 57, Nr. 1, S. 1-22

Klein, B.; Leffler, K. B. (1981): The Role of Market Forces in Assuring Contractual Performance, in: Journal of Political Economy, Vol. 89, Nr. 4, S. 615-641.

Kreikebaum, H. (1992): Umweltgerechte Produktion: Integrierter Umweltschutz als Aufgabe der Unternehmensführung im Industriebetrieb, Wiesbaden.

Kroeber-Riel, W. (1990): Konsumentenverhalten, 4. Auflage, München.

Kroeber-Riel, W. (1992): Konsumentenverhalten, 5. Auflage, München.

Kroeber-Riel, W.; Weinberg, P.(1999): Konsumentenverhalten, 7. Auflage, München.

Kroeber-Riel, W.; Weinberg, P. (2003): Konsumentenverhalten, 8. Auflage, München.

Kurz, K.; Prüfer, P.; Rexroth, M. (1999): Zu Validität von Fragen in statistischen Erhebungen. Ergebnisse des Einsatzes eines kognitiven Pretestinterviews, in: ZUMA-Nachrichten, S. 83-107.

Lafferty, B. A.; Goldsmith, R. E.; Hult, T. G. (2004): The Impact of the Alliance on the Partners: A Look at Cause-Brand Alliance, in: Psychology & Marketing, Vol. 21, Nr. 7, S. 509-531.

Leggewie, C. (2003): Die Globalisierung und ihre Gegner, München.

Lichtenstein, D. R.; Drumwright, M. E.; Braig, B. M. (2004): The Effect of Corporate Social Responsibility on Customer Donations to Corporate-Supported Nonprofits, in: Journal of Marketing, Vol. 68, Nr. 4, S. 16-32.

Littrell, M. A.; Dickson, M. A. (1999): Social Responsibility in the Global Market: Fair Trade of Cultural Products, Thousand Oaks.

Logan, D. (1998): Corporate Citizenship in a Global Age, in: RSA journal, Vol. 146, S. 64-71.

Lohmöller, J. B. (1984): LVPLS 1.6 program manual: Latent variables path analysis with partial least squares estimation, Köln.

Lunau, Y.; Ulrich, P.; Streiff, S. (2003): Soziale Unternehmensverantwortung aus Bürgersicht: Eine Anregung zur Diskussion. Im Auftrag der Philip Morris GmbH München, St. Gallen.

Luo, X.; Bhattacharya, C. B. (2006): Corporate Social Responsibility, Customer Satisfaction, and Market Value, in: Journal of Marketing, Vol. 70, Nr. 4, S. 1-18.

Lutz, R. J.; MacKenzie, S. B.; Belch, G. E. (1983): Attitude Toward the Ad as a Mediator of Advertising Effectiveness: Determinants and Consequences, in: Advances in Consumer Research, Vol. 10, in: Bagozzi, R. P.; Tybout, A. M. (Hrsg.), Association for Consumer Research, Ann Arbor, MI, S. 532-539.

Lutz, R. J. (1985): Affective and Cognitive Antecedents of Attitude Toward the Ad: A Conceptual Framework, in: Psychological Processes and Advertising Effects: Theory, Research and Application, in: Alwitt, L. F.; Mitchell, A. A. (Hrsg.), Lawrence Erlbaum Associates, Hillsdale, NJ, S. 45-63.

Luzar, E. J.; Cosse, K. J. (1998): Willingnes to Pay or Intention to Pay: The Attitude-Behavior Relationship in Contingent Valuation, in: Journal of Socio-Economics, Vol. 27, Nr. 3, S. 427-444.

MacKenzie, S. B.; Lutz, R. J. (1989): An Empirical Examination of the Structural Antecedents of Attitude Toward the Ad in an Advertising Pretesting Context, in: Jornal of Marketing, Vol. 53 (April), S. 48-65.

Magin, S. (2004): Markenwahlverhalten, 1. Auflage, Wiesbaden.

Marsden, C.; Andriof, J. (1998): Towards an Understanding of Corporate Citizenship and How to Influence It, in: Citizenship Studies, Vol. 2, S. 329-352.

Matten, D.; Crane, A. (2005): Corporate Citizenship: Towards an Extended Theoretical Conceptualization, in: Academy of Management Review, Vol. 30, S. 166-179.

Matten, D.; Crane, A.; Chapple, W. (2003): Behind the Mask: Revealing the True Face of Corporate Citizenship, in: Journal of Business Ethics, Vol. 45, S. 109-120.

Matten, D.; Wagner, G. R. (1998): Konzeptionelle Fundierung und Perspektiven des Sustainable Development-Leitbildes, in: Steinmann, H.; Wagner, G. R. (Hrsg.): Umwelt und Wirtschaftsethik, Stuttgart, S. 51-79.

McAlexander, J. H.; Kim, S. K.; Roberts, S. D. (2003): Loyalty: The Influences of Satisfaction and Brand Community Integration, in: Journal of Marketing Theory and Practice, Vol. 11, Issue 4, S. 1-11.

McCarthy, M. S.; Norris, D. G. (1999): Improving Competitive Position using Branded Ingredients, in: The Journal of Product and Brand Management, Vol. 8, S. 267-280.

McIntosh, M.; Leipziger, D.; Thomas, R; Coleman, G. (2003): Living Corporate Citizenship: Strategic Routes to Socially Responsible Business, London.

McGuire, J. W. (1963): Business and Society, New York.

McWilliams, A.; Siegel D. (2001): Corporate Social Responsibility: A Theory of the Firm Perspective, in: Academy of Management Review, Vol. 26, Nr. 1, S. 117-127.

Meffert, H. (1992): Marketingforschung und Käuferverhalten, 2. Auflage, Wiesbaden.

Meffert, H.; Kirchgeorg, M. (1992): Marktorientiertes Umweltmanagement: Grundlagen und Fallstudien, Stuttgart.

Meffert, H. (2000): Marketing, Grundlagen marktorientierter Unternehmensführung, 9. Auflage, Wiesbaden.

Meyers-Levy, J.; Louie, T. A.; Curren, M. T. (1994): How Does the Congruity of Brand Names Affect Evaluations of Brand Name Extensions?, in: Journal of Applied Psychology, Vol. 79, Nr. 1, S. 46-53.

Mirvis, P.; Googins, B. (2006): Stages of Corporate Citizenship: A Development Framework, Center for Corporate Citizenship at Boston College Monograph.

Mittal, B.; Ratchford, B.; Prabhakar, P. (1990): Functional and Expressive Attributes as Determinants of Brand-Attitude, in: Research in Marketing, Vol. 10, S. 135-155.

Montgomery, D. B.; Ramus, C. A. (2003): Corporate Social Responsibility Reputation Effects on MBA Job Choice, Stanford GSB Working Paper, Nr. 1805.

Motor Trend Magazine (2004): Motor Trend 2004 Car of the Year Winner: Toyota Prius, http://www.motortrend.com/oftheyear/car/112_04_coy_win, letzter Abruf: 12. Januar 2007.

Mueller, D. J. (1986): Measuring Social Attitudes, Columbia University, New York.

Müller-Christ, G.; Hülsmann, M. (2003): Quo vadis Umweltmanagement? Entwicklungsperspektiven einer nachhaltigkeitsorientierten Managementlehre, in: Die Betriebswirtschaft, Jg. 63, S. 257-277.

Murphy, G. L.; Medin, D. L. (1985): The Role of Theories in Conceptual Coherence, in Psychological Review, Vol. 92, Nr. 3, S. 289-316.

Murray, K. B.; Montanari, J. R. (1986): Strategic Management of the Socially Responsible Firm: Integrating Management and Marketing Theory, in: Academy of Management Review, Vol. 11, Nr. 4, S. 815-828.

Nieschlag, R.; Dichtl, E.; Hörschgen, H. (1997): Marketing, 18. Auflage, Berlin.

Nieschlag, R.; Dichtl, E.; Hörschgen, H. (2002): Marketing, 19. Auflage, Berlin.

Ohlwein, M. (1999): Märkte für gebrauchte Güter, Wiesbaden.

Osgood, C.; Tannenbaum, P. H. (1955): The Principle of Congruity in the Prediction of Attitude Change, in: Psychological Review, Vol. 62, Nr. 1, S. 42-55.

Osgood, C.; Suci, G. J.; Tannenbaum, P. H. (1957): The Measurement of Meaning, Chicago/ London.

o.V. (2007a): WWF Climate Group gegründet: IKEA am Bord, http://www.glocalist.com/index.php?id=20& tx_ttnews[tt_news]=2211&tx_ttnews [cat]=5&cHash=10d8f53e88, letzter Abruf 02. Februar 2008.

o.V. (2007b): Corporate Social Responsibility Profile, http://www.csrwire.com/profile/8682.html, letzter Abruf 02. Februar 2008.

o.V. (2008): IKEA – Unsere Verantwortung, http://www.ikea.com/ms/de_DE/ about_ikea_new/our_responsibility/index.html, letzter Abruf: 02. Februar 2008.

Palazzo, B. (2000): Interkulturelle Unternehmensethik. Deutsche und amerikanische Modelle im Vergleich, Wiesbaden.

Paech, N.; Pfriem, R. (2002): Mit Nachhaltigkeitskonzepten zu neuen Ufern der Innovation, in: UmweltWirtschaftsForum, Jg. 10, Heft 3, S. 12-17.

Patalong, F. (2006): Selbstzensur in China: Google wird böse, in: Spiegel Online, 25.01.2006, http://www.spiegel.de/netzwelt/web/0,1518,397285,00.html, letzter Abruf: 17. Februar 2008.

Peter, S. I. (1997): Kundenbindung als Marketingziel: Eine theoretische und empirische Analyse, Mainz.

Petty, R. E.; Cacioppo, J. T.; Schuman, D. (1983): Central and Peripheral Routes to Advertising Effectiveness: The Moderationing Role of Involvement, in: Journal of Consumer Research, Vol. 10, S. 135-146.

Pfriem, R. (1995): Unternehmenspolitik in sozial-ökologischen Perspektiven, Marburg.

Phillips, R. A. (1997): Stakeholder Theory and a Principle of Fairness, in: Business Ethics Quarterly, Vol. 7, Nr. 1, S. 51-66.

Phillips, R. A. (2003): Stakeholder Legitimacy, in: Business Ethics Quarterly, Vol. 13, Nr. 1, S. 25-41.

Pitzke, M. (2006): Bono Marke Red – Kaufrausch für Afrika, in: Spiegel Online, 23.10.2006, http://www.spiegel.de/wirtschaft/0,1518,444092,00.html, Letzter Abruf: 07. Januar 2007.

Porter, M. E. (1989): Wettbewerbsvorteile: Spitzenleistungen erreichen und behaupten, Frankfurt/Main, New York.

Porter, M. E. (2000): Locations, Clusters, and Company Strategy, in: Clark, G. L.; Feldman, M. P.; Gertler, M. S. (Hrsg.): The Oxford Handbook of Economic Geography, New York, Oxford, S. 253-274.

Porter, M. E.; Kramer, M. R. (2002): The Competitive Advantage of Corporate Philanthropy, in: Harvard Business Review, Vol. 80, Nr. 12, S. 56-69.

Porter, M. E.; Kramer, M. R. (2006): Strategy and Society: The Link Between Competitive Advantage and Corporate Social Responsibility, in: Harvard Business Review, Vol. 84, Nr. 12, S. 78-92.

Porter, M. E.; Reinhardt, F. L. (2007): A Strategic Approach to Climate, in: Harvard Business Review, Vol. 85, Nr. 10, S. 22-26.

Prahalad, C. K. (2002): Strategies for the Bottom of the Economic Pyramid: India as a Source of Innovation, in: Reflections: The SOL Journal, Vol. 3, Nr. 4, S. 6-18.

Prahalad, C. K.; Hammond, A. (2002): Serving the World's Poor, Profitably, in: Harvard Business Review, Vol. 80, Nr. 9, S. 48-58.

Preston, L. E.; Post, J. E. (1975): Private Management and Public Policy. The Principle of Public Responsibility, New Jersey.

Preston, L. E.; Post, J. E. (1981): Private Management and Public Policy, in: California Management Review, Vol. 23, Nr. 3, S. 56-63.

Raffée, H. (1974): Grundprobleme der Betriebswirtschaftslehre, Göttingen.

Rao, A. R.; Bergen, M. E. (1992): Price Premium Variations as a Consequence of Buyers' Lack of Information, in: Journal of Consumer Research, Vol. 19, S. 412-423.

Rao, A. R.; Monroe, K. B. (1996): Causes and Consequences of Price Premiums, in: Journal of Business, Vol. 69, No. 4, S. 511-535.

Rao, A. R.; Ruekert, R. W. (1994): Brand Alliances as Signals of Product Quality, in: Sloan Management Review, Vol. 36 (Fall), S. 87-97.

Reilly, B. J.; Kyj, M. J. (1994): Corporate Citizenship, in: Review of Business, Vol. 16, S. 37-43.

Rifon, N. J.; Choi, S. M.; Trimble, C. S.; Li, H. (2004): Congruence Effects in Sponsorship – The Mediating Role of Sponsor Credibility and Consumer Attributions of Sponsor Motive, in: Journal of Advertising, Vol. 33, Nr. 1, S. 29-42.

Ringle, C. M. (2004): Messung von Kausalmodellen – Ein Methodenvergleich, Arbeitspapier Nr. 14 des Instituts für Industriebetriebslehre und Organisation, Universität Hamburg.

Roberts, J. A. (1995): Profiling Levels of Socially Responsible Consumer Behavior: A Cluster Analytic Approach and Its Implications for Marketing, in: Journal of Marketing – Theory and Practice, S. 97-117.

Roberts, J. A. (1996): Will the Real Socially Responsible Consumer Please Step Forward?, in: Business Horizons, Vol. 39, Nr. 1, S. 79-83.

Rosenberg, M. J.; Hovland, C. I. (1960): Cognitive, affective and behavioral components of attitudes, in: Hovland, C. I.; Rosenberg, M. J. (Hrsg.), Attitude, organization and change: An Analysis of consistency among attitude components, New Haven, S. 1-14.

Rossiter, J. (2002): The C-OAR-SE Procedure for Scale Development in Marketing, in: International Journal of Research in Marketing, Vol. 19, S. 305-335.

Rothe, C. (2001): Kultursponsoring und Imagekonstruktion – Interdisziplinäre Analyse der rezeptionsspezifische Faktoren des Kultursponsoring und Entwicklung eines kommunikationswissenschaftlichen Image-Approaches, Dissertation Ruhr-Universität Bochum.

Ruggie, J. G. (2002): The Theory and Practice of Learning Networks: Corporate Social Responsibility and the Global Compact, in: The Journal of Corporate Citizenship, Vol. 5, S. 27-36.

Samuelson, P. A. (1971): Love that Corporation, in: Mountain Bell Magazine, Spring.

Schaltegger, S.; Sturm, A. (1995): Öko-Effizienz durch Öko-Controlling: Zur praktischen Umsetzung von EMAS und ISO 14.001, Stuttgart.

Scherer, A. G. (2003): Multinationale Unternehmen und Globalisierung. Zur Neuorientierung der Theorie der Multinationalen Unternehmung, Heidelberg.

Schmitt, K. (2005): Corporate Social Responsibility in der strategischen Unternehmensführung: Eine Fallstudie deutscher und britischer Unternehmen der Ernährungsindustrie, Berlin.

Schneider, U. (2004): Governance statt Government?, in: Schneider, U.; Steiner, P. (Hrsg.): Betriebswirtschaftliche und gesellschaftliche Verantwortung, Wiesbaden, S. 17-44.

Schrader, U. (2003): Corporate Citizenship: Die Unternehmung als guter Bürger?, Berlin.

Schrader, U.; Hansen, U. (2002): Nachhaltiger Konsum, in: UmweltWirtschaftForum, Jg. 10, Heft 4, S. 12-17.

Schwab, K.; Gartzke, U. (2003): Wirtschaft und Gesellschaft: Wege aus der Beziehungskrise, in: Frankfurter Allgemeine Zeitung, 26.März 2003.

Schwerk, A. (2007): Corporate Governance und CSR, in: Beschorner, T.; Brink, A.; Schumann, O. (Hrsg.): Unternehmensethik. Forschungsperspektiven zur Verhältnisbestimmung von Unternehmen und Gesellschaft. Ethik und Ökonomie, Band 4.

Seel, N. M. (2003): Psychologie des Lernens, 2. Auflage, München, Basel.

Seidel, E.; Behrens, S. (1992): Umwelt-Controlling als Instrument moderner betrieblicher Abfallwirtschaft, in: Betriebswirtschaftliche Forschung und Praxis, Jg. 44, S. 136-152.

Seitz, B. (2002): Corporate Citizenship: Rechte und Pflichten der Unternehmung im Zeitalter der Globalität, Wiesbaden.

Sen, S.; Battacharya, C.B. (2001): Does Doing Good Always Lead to Doing Better? Consumer Reactions to Corporate Social Responsibility, in: Journal of Marketing Research, Vol. 38, Nr. 2, S. 225-243.

Sethi, S. P. (1975): Dimensions of Corporate Social Performance: An Analytical Framework, in: California Management Review, Vol. 17, Nr. 3, S. 58-65.

Sethuraman, R. (2000): What Makes Consumers Pay More for National Brands Than for Store Brands: Image or Quality?, MSI Working Paper, Report No. 110.

Shapiro, C. (1983): Premium for High Quality Products as Returns to Reputations, in: Quarterly Journal of Economics, Vol. 98, S. 659-679.

Shimp, T. A. (1981): Attitude toward the Ad as a Mediator of Consumer Brand Choice, in: Journal of Advertising, Vol. 10, Nr. 2, S. 225-243.

Simmons, C. J.; Becker-Olsen, K. L. (2006): Achieving Marketing Objectives Through Social Sponsorships, in: Journal of Marketing, Vol. 70, Nr. 4, S. 154-169.

Simon, F. (1994): Unternehmerischer Erfolg und gesellschaftliche Verantwortung, Wiesbaden.

Simonin, B. L.; Ruth, J. A. (1998): Is a Company Known by the Company It Keeps? Assessing the Spillover Effects of Brand Alliances on Consumer Brand Attitudes, in: Journal of Marketing Research, Vol. 35, Nr. 1, S. 30-42.

Smith, G. (1990): How Green Is My Valley?, in: Marketing and Research Today (The Netherlands), Vol. 2, S. 76-82.

Smith, W.; Higgins, M. (2000): Cause-Related Marketing: Ethics and Ecstatic, in: Business and Society, Vol. 39, Nr. 3, S. 304-322.

Sriram, V.; Forman, A. M. (1993): The Relative Importance of Products' Environmental Attributes: A Crosscultural Comparison, in: International Marketing Review, Vol. 10, No. 3, S. 51-70.

SRU (2002): Der Rat von Sachverständigen für Umweltfragen: Umweltgutachten 2002 - Für eine neue Vorreiterrolle, Bundestags-Drucksache 14-8792, Berlin.

Stahlberg, D.; Frey, D. (1996): Einstellung: Struktur, Messung und Funktion, in: Stroebe et al. (Hrsg.), Sozialpsychologie: Eine Einführung, 3. Auflage, Berlin, S. 219-252.

Starsetzki, T. (2001): Rekrutierungsformen und ihre Einsatzbereiche, in: Theobald, A.; Dreyer, M.; Starsetzki, T. (Hrsg.): Online-Marktforschung, Wiesbaden, S. 41-53.

Steinle, C.; Lawa, D.; Schollenberg, A. (1994): Ökologieorientierte Unternehmensführung: Ansätze, Integrationskonzept und Entwicklungsperspektiven, in: Zeitschrift für Umweltpolitik & Umweltrecht, Jg. 5, S. 409-444.

Steinmann, H. (1973): Zur Lehre von der „Gesellschaftlichen Verantwortung der Unternehmensführung" – Zugleich eine Kritik des Davoser Manifests, in: Wirtschaftswissenschaftliches Studium (WiSt), Jg. 2, S. 467-473.

Sturdivant, F. D. (1979): Executives and Activists: Test of Stakeholder Management, in: California Management Review, Vol. 22 (Fall), S. 53-59.

Swanson, D. L. (1995): Adressing a Theoretical Problem by Reorienting the Corporate Social Performance Model, in: Academy of Management Review, Vol. 20, Nr. 1, S. 43-64.

The Economist (2005a): The union of concerned executives, in: The Economist, 20. Januar 2005.

The Economist (2005b): The world according to CSR, in: The Economist, 20. Januar 2005.

The Economist (2008): A special report on corporate social responsibility, in: The Economist, 19. Januar 2008, Vol. 386, Nr. 8563, S. 1-22.

Till, B. D.; Busler, M. (2000): The Match-Up Hypothesis: Physical Attractiveness, Expertise, and the Role of Fit on Brand Attitude, Purchase Intent and Brand Beliefs, in: Journal of Advertising, Vol. 29, Nr. 3, S. 1-13.

Till, B. D.; Shimp, T. A. (1998): Endorsers in Advertising: The Case of Negative Celebrity Information, in: Journal of Advertising, Vol. 27, Nr. 1, S. 67- 82.

Trommsdorff, V. (1998): Konsumentenverhalten, 3. Auflage, Stuttgart.

Trommsdorff, V. (2004): Konsumentenverhalten, 4. Auflage, Stuttgart.

Ulrich, P. (1977): Die Großunternehmung als quasi-öffentliche Institution: Eine politische Theorie der Unternehmung, Stuttgart.

United Nations (2007): Global Compact, http://www.unglobalcompact.org/participantsandstakeholders/index.html, letzter Abruf: 14. November 2007.

van Marrewijk, M. (2003): Concepts and Definitions of CSR and Corporate Sustainability: Between Agency and Communion, in: Journal of Business Ethics, Vol. 44, S. 95-105.

Varadarajan, P. R.; Menon, A. (1988): Cause-Related Marketing: A Coalignment of Marketing Strategy and Corporate Philanthropy, in: Journal of Marketing, Vol. 52, Nr. 3, S. 58-76.

von Oetinger, B.; Reeves, M. (2007): Größe verpflichtet, in: Harvard Business Manager, Jg. 29, Nr. 1, S. 60-66.

Waddock, S. (2000): The Multiple Bottom Lines of Corporate Citizenship: Social Investing, Reputation, and Responsibility Audits, in: Business and Society Review, Vol. 105, S. 323-345.

Warhurst, A. (2001): Corporate Citizenship and Corporate Social Investments: Drivers of Tri-Sector Partnerships, in: Journal of Corporate Citizenship, Vol. 1, S. 57-73.

Wartick, S.; Cochran, P. L. (1985): The Evolution of the Corporate Social Performance Model, in: Academy of Management Review, Vol. 10, Nr. 4, S. 758-769.

Wartick, S. L.; Rude, R. E. (1986): Issues Management: Corporate Fad or Corporate Function?, in: California Management Review, Vol. 29, Nr. 1, S. 124-132.

WCED (1987): World Commission on Environment and Development: Our Common Future, Oxford.

Wernelfelt, B. (1984): A Resource Based View of the Firm, in: Strategic Management Review, Vol. 5, S. 171-180.

Wieland, J. (2002): Corporate Citizenship-Management: Eine Zukunftsausgabe für Unternehmen!?, in: Wieland, J.; Conradi, W. (Hrsg.): Corporate Citizenship: Gesellschaftliches Engagement – unternehmerischer Nutzen, Marburg, S. 9-21.

Wood, D. J. (1991): Corporate Social Performance Revisited, in: Academy of Management Review, Vol. 16, Nr. 4, S. 691-718.

World Business Council for Sustainable Development (2000): Corporate Social Responsibility: Making Good Business Sense, Genf.

Zadek, S. (2004): The Path to Corporate Responsibility, in: Harvard Business Review, Vol. 82, Nr. 12, S. 125-132.

Zerr, K. (2001): Online-Marktforschung, in: Theobald, A.; Dreyer, M.; Starsetzki, T. (Hrsg.): Online-Marktforschung, Wiesbaden, S. 7-26.

Zimbardo, P. G. (1995): Psychologie, 6. Auflage, Berlin.

Zimbardo, P. G.; Gerrig, R. J. (2004): Psychologie, 16. Auflage, München/Boston/ San Francisco.

MARKETING

Herausgegeben von Prof. Dr. Heribert Gierl, Augsburg, Prof. Dr. Roland Helm, Regensburg, Prof. Dr. Frank Huber, Mainz, und Prof. Dr. Henrik Sattler, Hamburg

Band 10
Heribert Gierl
Übungsaufgaben Marketing
6., neubearbeitete Auflage
Lohmar – Köln 2011 ♦ 400 S. ♦ € 29,- (D) ♦ ISBN 978-3-8441-0083-9

Band 52
Jasna Cudic
Produkthaltbarkeit im strategischen Marketing – Eine empirische Analyse
Lohmar – Köln 2011 ♦ 228 S. ♦ € 55,- (D) ♦ ISBN 978-3-8441-0025-9

Band 53
Lisa Eckardt
Designsprünge als Instrument des Marketings – Eine empirische Analyse der Determinanten und Erfolgsauswirkungen
Lohmar – Köln 2011 ♦ 356 S. ♦ € 64,- (D) ♦ ISBN 978-3-8441-0082-2

Band 54
Frank Huber, Svenja Krönung, Frederik Meyer und Stefan Vollmann
Akzeptanz von Bewertungsportalen als Basis von Electronic Word-of-Mouth – Eine empirische Studie zur interpersonellen Kommunikation im Web 2.0
Lohmar – Köln 2011 ♦ 124 S. ♦ € 42,- (D) ♦ ISBN 978-3-8441-0097-6

Band 55
Frank Huber, Frederik Meyer und Ute Stickdorn
Online-Avatare zur Steigerung der Markenloyalität – Eine empirische Analyse am Beispiel der Marke IKEA
Lohmar – Köln 2011 ♦ 128 S. ♦ € 42,- (D) ♦ ISBN 978-3-8441-0114-0

Band 56
Frank Huber, Frederik Meyer und Oguzhan Bulut
Unternehmenserfolg durch strategische Corporate Social Responsibility – Eine empirische Analyse am Beispiel der Marke IKEA
Lohmar – Köln 2012 ♦ 140 S. ♦ € 43,- (D) ♦ ISBN 978-3-8441-0122-5